Amtliche Mitteilungen

aus der

Abteilung für Forsten

des

Königlich Preußischen Ministeriums für Landwirtschaft, Domänen und Forsten.

1911.

Springer-Verlag Berlin Heidelberg GmbH 1913

ISBN 978-3-662-38688-0   ISBN 978-3-662-39562-2 (eBook)
DOI 10.1007/978-3-662-39562-2

Vorbemerkung.

Die nachstehenden Tafeln schließen sich an die Tabellen der dritten Auflage des Werkes

„von Hagen, die forstlichen Verhältnisse Preußens"

bearbeitet von Donner, und die weiteren „Amtlichen Mitteilungen" an. Sie haben deshalb dieselben Zahlen erhalten wie die Tabellen jenes Werkes.

Inhalts-Verzeichnis.

Statistische Tafeln.

		Seite
7 b.	Übersicht über die Holz-Ein- und -Ausfuhr für das deutsche Zollgebiet in den Jahren 1908—1911	2
8 b.	Nachweisung des durchschnittlichen Verwertungspreises für ein Festmeter Holz im Etatsjahre 1911 (Forstwirtschaftsjahre 1. 10. 1910/11)	6
9 c.	Nachweisung der Durchschnittspreise einiger Holzsortimente im Etatsjahre 1911 (Forstwirtschaftsjahre 1. 10. 1910/11)	8
11 b.	Zusammenstellung der im ganzen Staate ausgegebenen Jagdscheine im Etatsjahre 1911	12
18 b.	Zusammenstellung der in den Staatsforsten beim Forst- und Jagdschutze vorgekommenen Tötungen und Verwundungen in den Kalenderjahren 1907 bis 1911	12
19 b.	Nachweisung der Forst-, Jagd- und Fischereifrevel in den Staatsforsten im Kalenderjahre 1911	13
27 a.	Summarische, nach alten und neuen Provinzen getrennte Übersicht über den Fortgang der Berechtigungs- usw. Ablösungen in den Staatsforsten in den Etatsjahren 1907 bis 1911	14
27 b.	Übersicht über den Fortgang der Forstberechtigungs- usw. Ablösungen in den einzelnen Regierungsbezirken im Etatsjahre 1911	14
27 c.	Zusammenstellung der Amortisationsrenten, die für abgelöste Leistungen der Forstverwaltung an Kirchen, Pfarren, Küstereien, sonstige geistliche Institute, fromme und milde Stiftungen, Wohltätigkeitsanstalten usw. in den Etatsjahren 1908 bis 1911 an die Provinzial-Rentenbanken gezahlt worden sind	15
33 a.	Nachweisung des jährlichen Bedarfs an Kiefernsamen in den Staatsforsten und der auf den Königlichen Darren gewonnenen Samenmengen in den Forstwirtschaftsjahren 1. 10. 1907 bis 1911	15
34 a.	Nachweisung über den Wildabschuß und die Erträge aus der Jagd im Etatsjahre 1911	16
37 c.	Nachweisung des Holzertrages der Staatsforsten im Forstwirtschaftsjahre 1. Oktober 1910/1911 (Etatsjahre 1911)	18

		Seite
38 b.	Übersicht des Holzertrages und des Sortenverhältnisses in den Staatsforsten für die Etatsjahre 1907 bis 1911 (Forstwirtschaftsjahre 1. 10. 1906 bis 1911)	20
42.	Zusammenstellung der in den Etatsjahren 1908 bis 1911 in den preußischen Staatsforsten verwerteten Eichenrinde	21
45 a.	Übersicht des Ertrages aus der Holznutzung in den einzelnen Regierungsbezirken für das Hektar der zur Holzzucht bestimmten Fläche in den Etatsjahren 1908 bis 1911	22
46 b.	Hauptübersicht der Ist-Einnahmen und -Ausgaben der Staatsforstverwaltung im Etatsjahre 1911	23
46 c.	Nachweisung der Einnahmen und Ausgaben der Staatsforstverwaltung im Etatsjahre 1911 (Forstwirtschaftsjahre 1. 10. 1910/11)	33
46 d.	Nachweisung über die Reinerträge der Staatsforsten im Etatsjahre 1911	36
47.	Gegenüberstellung der Einnahmen und Ausgaben für Torfgrabereien der Staatsforstverwaltung in den Etatsjahren 1908 bis 1911	37
49.	Übersicht über die auf 1 ha der nutzbaren Fläche (von 1910 ab der Gesamtfläche) entfallenden dauernden Ausgaben der Staatsforstverwaltung für die Etatsjahre 1907 bis 1911 in Mark	37
52 a.	Nachweisung der während des Jahres 1912 vorgekommenen erheblicheren Brände in den Staatswaldungen und der hierdurch vernichteten Holzbestände	37
54 b	Vergleichung des Flächeninhalts, des Holzeinschlags, der Einnahme, der Ausgabe und des Reinertrages der Staatsforsten in den Jahren 1907 bis 1911 mit den Ergebnissen des Jahres 1868, letztere gleich 100 gerechnet	38
56 b. c.	Nachweisung über die Zahl der Studierenden der Forstakademien in Eberswalde und Münden im Sommerhalbjahre 1912 und Winterhalbjahre 1912/13	38
58.	Nachweisung der verausgabten Kultur- und Verkehrswegebaugelder für das Etatsjahr 1911 (Forstwirtschaftsjahr 1. 10. 1910/11)	39
59.	Nachweisung über die Arbeiter der Staatsforstverwaltung für das Etatsjahr 1911 (Forstwirtschaftsjahr 1. 10. 1910/11)	44
60.	Nachweisung der aus dem Forstbaufonds zu unterhaltenden Gebäude nach dem Stande vom 1. Oktober 1912	46

Statistische Tafeln.

Tafel

Übersicht über die Holz-Ein- und Ausfuhr für

Die stehenden Zahlen bezeichnen die

Einfuhr in den freien Verkehr und Ausfuhr aus

Jahr	Bau- und Nutzholz									längs bearbeitet	
	unbearbeitet oder lediglich quer bearbeitet								Bau- und Nutzholz, roh oder quer bearbeitet für Grenzbewohner	gedämpft, getränkt usw.	
	gedämpft, getränkt usw.		weder gedämpft noch getränkt usw.								
	hart	weich	Eichenholz	Nußbaumholz	Buchen- und anderes hartes Holz	weiches Laubholz	Nadelholz	Gruben-holz		hart	weich
1.	2.	3.	4.	5.	6.	7.	8.	9.	10.	11.	12.

Zollsätze nach dem Reichsgesetz

0,20 M.; bei den meistbegünstigten Staaten 0,12 M. — 0,50 M.;

Gedämpftes, getränktes oder sonst auf chemischem Wege behandeltes Bau- und Nutzholz unterliegt einem

1908	256	427	1 429 799	79 144	862 291	1 436 708	27 027 263	3 622 347	92 042	5	261
	8	8 125	112 088	175 385		41 711	935 904	*Nur für die Einfuhr*		65	399
1909	173	162	1 171 280	51 614	846 375	1 840 717	26 852 901	3 369 403	103 860	2	436
	—	4 389	100 616	176 647		15 554	1 039 808	*Nur für die Einfuhr*		—	389
1910	1 150	1	1 349 612	45 113	864 092	1 910 187	26 907 843	2 666 319	80 874	—	549
	142	487	99 004	235 528		48 605	1 348 816	*Nur für die Einfuhr*		23	779
1911	599	2 157	1 430 406	37 616	988 760	2 610 505	28 696 223	2 823 286	133 483	74	1 062
	44	1 078	103 817	253 951		43 488	1 354 438	*Nur für die Einfuhr*		13	456

Einfuhr in den freien Verkehr und Ausfuhr aus

Jahr	Bau- und Nutzholz		Erikaholz, unbearbeitet oder geschnitten	Kokusholz, unbearbeitet oder geschnitten	Überschuß der Einfuhr -Ausfuhr- über die Ausfuhr -Einfuhr- (Spalte 28 + 29)	Zedernholz		Überschuß der Einfuhr -Ausfuhr- über die Ausfuhr -Einfuhr-	Mahagoni-, Polisanderholz		
	Insgesamt Bau- und Nutzholz (Spalten 2—25)	Überschuß der Einfuhr über die Ausfuhr				roh usw.	gesägt usw., nicht gehobelt		roh oder quer bearbeitet	beschlagen usw.	gesägt
26.	27.	28.	29.	30.	31.	32.	33.	34.	35.	36.

Zollsätze nach dem Reichsgesetz

frei — 0,10 M. — 0,25 M. — 0,20 M. — 0,50 M. — 1,25 M.

1908	55 276 129	52 866 963	13 327	11 188	22 304	248 114	49 180	292 863	213 317	184 320	1 300
	2 409 166		2 211			4 431			30 672		
1909	56 059 622	53 554 998	11 010	5 771	13 423	208 741	49 963	252 361	192 672	203 779	2 881
	2 504 624		3 358			6 343			27 110		
1910	57 462 114	54 386 796	12 268	5 316	12 072	178 086	48 532	222 400	59 049	135 579	1 795
	3 075 318		5 512			4 218			28 082		
1911	61 322 709	58 294 910	13 353	14 071	22 880	191 188	60 506	244 243	39 600	112 948	2 473
	3 027 799		4 514			7 451			26 625		

7 b.

das deutsche Zollgebiet in den Jahren 1908—1911.

Einfuhr, *die schrägen die Ausfuhr.*

demselben in Mengen von 100 Kilogramm (1 dz) netto

Bau- und Nutzholz

schlagen usw., gerissene Späne, Klärspäne						längs gesägt, nicht gehobelt usw.						
weder gedämpft noch getränkt usw.						gedämpft, getränkt usw.		weder gedämpft noch getränkt usw.				
Eichenholz	Nußbaumholz	Buchen- und anderes hartes Holz	weiches Laubholz	Nadelholz	Telegraphenstangen aller Art	hart	weich	Eichenholz	Nußbaumholz	Buchen- und anderes hartes Holz	weiches Laubholz	Nadelholz
13.	14.	15.	16.	17.	18.	19.	20.	21.	22.	23.	24.	25.

vom 7. Februar 1906 für 1 dz

bei den meistbegünstigten Staaten 0,24 M. 1,25 M.; bei den meistbegünstigten Staaten 0,72 M.

Zollzuschläge von 0,30 M. für 1 dz Hartholz und 0,40 M. für 1 dz Weichholz, der bei den meistbegünstigten Staaten fortfällt.

248 949	132 571	34 063	41 921	3 441 442	—	1 152	553	730 494	80 116	196 107	406 357	15 411 861
44 364	*8 533*		*1 639*	*78 018*	*128 588*	*10 645*	*1 056*	*65 297*	*87 695*		*18 817*	*690 829*
222 679	147 416	32 089	54 773	3 959 831	—	2 331	2 351	700 444	89 799	202 582	534 014	15 874 390
33 366	*10 389*		*1 670*	*51 740*	*189 658*	*8 564*	*663*	*89 722*	*98 765*		*19 480*	*633 204*
182 368	162 192	42 049	61 571	3 728 142	—	3 318	1 591	685 765	82 430	194 561	633 963	17 858 424
19 874	*10 920*		*1 115*	*67 052*	*236 940*	*5 286*	*1 803*	*116 240*	*92 155*		*20 803*	*769 746*
189 973	116 189	50 734	32 658	3 530 622	—	1 318	2 834	688 600	69 635	201 800	684 957	19 029 218
24 727	*10 561*		*1 558*	*39 567*	*311 062*	*8 830*	*3 435*	*108 074*	*95 453*		*24 807*	*642 440*

demselben in Mengen von 100 Kilogramm (1 dz) netto

Buchsbaum-, Eben-, Teak-, Pockholz			Überschuß der Einfuhr *-Ausfuhr-* über die Ausfuhr *-Einfuhr-*	Eisenbahnschwellen				Überschuß der Einfuhr *-Ausfuhr-* über die Ausfuhr *-Einfuhr-*
roh oder quer bearbeitet	beschlagen	gesägt		gedämpft, getränkt, nicht gehobelt		nicht gedämpft usw.		
				aus hartem Holze	aus weichem Holze	aus hartem Holze	aus weichem Holze	
37.	38.	39.	40.	41.	42.	43.	44.	45.

vom 7. Februar 1906 für 1 dz

| 0,20 M. | 0,50 M. | 1,25 M. | Nicht gehobelt, mit der Axt bearbeitet, auf nicht mehr als einer Längsseite gesägt 0,40 M.; bei den meistbegünstigten Staaten 0,24 M.; — auf mehr als einer Längsseite gesägt 1,25 M.; bei den meistbegünstigten Staaten 0,72 M. Für gedämpfte, getränkte usw. Eisenbahnschwellen aus Hartholz ein Zollzuschlag von 0,30 M., aus Weichholz von 0,40 M. für 1 dz, der bei den meistbegünstigten Staaten fortfällt. | | | | |

25 761	40 137	52 628	486 791	3 377	4 534	605 003	3 438 353	3 022 179
							1 029 088	
28 902	39 332	41 674	482 130	1 083	2 503	332 888	2 635 207	2 140 429
							831 252	
38 176	35 572	55 257	297 346	75	3 589	152 445	1 495 317	1 015 707
							635 719	
38 618	50 886	56 063	273 963	716	9 936	181 457	1 840 881	1 459 477
							573 513	

4

Zu Tafel

Einfuhr in den freien Verkehr und Ausfuhr aus

Jahr	Holzpflasterklötze gedämpft, getränkt usw.		Holzpflasterklötze nicht gedämpft usw.		Überschuß der Einfuhr -Ausfuhr- über die Ausfuhr -Einfuhr-	Naben, Felgen, Speichen usw.		Überschuß der Einfuhr -Ausfuhr- über die Ausfuhr -Einfuhr-	Faßholz, ungefärbt, nicht gehobelt		
	hart	weich	hart	weich		hart	weich		von Eichenholz	von Buchen- und anderem harten Holz	weich
	46.	47.	48.	49.	50.	51.	52.	53.	54.	55.	56.

Zollsätze nach dem Reichsgesetz

	1,25 M.; bei den meistbegünstigten Staaten 0,72 M. — Für gedämpfte, getränkte usw. Holzpflasterklötze ein Zollzuschlag von 0,40 M. für 1 dz, der bei den meistbegünstigten Staaten fortfällt.					1 M.; bei den meistbegünstigten Staaten 0,72 M.			0,30 M.; bei den meistbegünstigten Staaten 0,20 M.	0,40 M.; bei den meistbegünstigten Staaten 0,30 M.	
1908	2	6 569	70	17		69 006	7	68 296	368 300	29 738	26 023
		14 646			7 988	693	24		18 433	29 113	2 727
1909	—	5 214	—	1		76 858	11	76 447	395 891	27 238	15 156
		9 975			4 760	410	12		21 070	26 553	2 003
1910	—	6 740	832	84		62 031	30	61 381	350 416	9 491	18 830
		8 111			455	662	18		31 294	24 586	1 602
1911	2	16 338	37	1 127	8 405	80 917	12	79 893	390 935	13 355	22 852
		9 099				1 030	6		35 523	14 081	1 893

Einfuhr in den freien Verkehr und Ausfuhr aus

Jahr	Holzmehl und Holzwolle	Überschuß der Einfuhr -Ausfuhr- über die Ausfuhr -Einfuhr-	Korkholz unbearbeitet; Zierkorkholz	Überschuß der Einfuhr -Ausfuhr- über die Ausfuhr -Einfuhr-	Korkabfälle	Überschuß der Einfuhr -Ausfuhr- über die Ausfuhr -Einfuhr-	Farbhölzer in Blöcken, Wurzeln			Farbhölzer zerkleinert; angegoren (fermentiert)	Überschuß der Einfuhr -Ausfuhr- über die Ausfuhr -Einfuhr-
							Blauholz	Gelbholz	Rotholz		
	68.	69.	70.	71.	72.	73.	74.	75.	76.	77.	78.

Zollsätze nach dem Reichsgesetz

	0,40 M.		frei		frei		frei				
1908	9 793	—	146 087	128 617	188 979	188 979	111 165	7 697	7 245	996	92 966
	54 161	44 368	17 470		Nicht besonders geführt		14 046	1 372	2 030	16 689	
1909	10 008	—	112 336	101 880	167 074	167 074	94 489	9 424	11 266	880	87 182
	56 761	46 753	10 456		Nicht besonders geführt		8 256	1 016	811	18 794	
1910	34 224	—	168 714	161 299	147 467	147 467	96 191	11 946	7 011	920	89 209
	61 444	27 220	7 415		Nicht besonders geführt		5 467	1 047	2 544	17 801	
1911	51 920	—	200 611	191 252	168 303	168 303	101 531	10 612	10 272	758	96 588
	72 135	20 215	9 359		Nicht besonders geführt		5 534	2 031	1 289	17 731	

7 b.

demselben in Mengen von 100 Kilogramm (1 dz) netto

Überschuß der Einfuhr -Ausfuhr- über die Ausfuhr -Einfuhr-	Korbweiden, Faschinen	Überschuß der Einfuhr -Ausfuhr- über die Ausfuhr -Einfuhr-	Reifenstäbe	Überschuß der Einfuhr -Ausfuhr- über die Ausfuhr -Einfuhr-	Holz zu Holzmasse, Holzschliff, Zellstoff	Überschuß der Einfuhr -Ausfuhr- über die Ausfuhr -Einfuhr-	Brennholz, Zapfen von Nadelhölzern, Gerblohe, Lohkuchen	Überschuß der Einfuhr -Ausfuhr- über die Ausfuhr -Einfuhr-	Holzkohlen, auch gepulvert, Holzkohlenbriketts	Überschuß der Einfuhr -Ausfuhr- über die Ausfuhr -Einfuhr-
57.	58.	59.	60.	61.	62.	63.	64.	65.	66.	67.

vom 7. Februar 1906 für 1 dz

	0,55 M.				0,55 M.		frei		frei	
373 788	21 510	89	25 935	22 453	8 334 813	7 898 036	1 215 619	136 490	241 738	147 414
	21 421		*3 482*		*436 777*		*1 079 129*		*94 324*	
388 659	12 644	—	27 861	24 178	10 652 501	10 272 469	1 137 426	141 306	186 878	83 637
	22 698	*10 054*	*3 683*		*380 032*		*996 120*		*103 241*	
321 255	9 856		34 870	30 164	9 693 175	9 363 120	1 007 522	48 500	180 235	62 332
	30 663	*20 807*	*4 706*		*330 055*		*959 022*		*117 903*	
375 645	12 302		22 946	16 353	7 718 895	7 269 554	971 611	—	173 747	26 277
	34 661	*22 359*	*6 593*		*449 341*		*1 000 250*	*28 639*	*147 470*	

demselben in Mengen von 100 Kilogramm (1 dz) netto

Gerbrinden, nicht ausgelaugt, auch gemahlen			Überschuß der Einfuhr -Ausfuhr- über die Ausfuhr -Einfuhr-	Quebracho- und anderes Gerbholz		Überschuß der Einfuhr -Ausfuhr- über die Ausfuhr -Einfuhr-	überhaupt Spalten 26, 28, 29, 31, 32, 34—39, 41—44, 46—49, 51, 52, 54—56, 58, 60, 62, 64, 66, 68, 70, 72, 74—77, 79—81, 83, 84	Überschuß der Einfuhr über die Ausfuhr	Nach dem Verhältnis der Einwohnerzahl des Preußischen Staates zu derjenigen des deutschen Zollgebietes treffen von dem Überschuß in Spalte 87 auf Preußen (in 100 kg)
Eichenrinde	Nadelholzrinden	Akazien- und andere Gerbrinden		in Blöcken	zerkleinert				
79.	80.	81.	82.	83.	84.	85.	86.	87.	88.

vom 7. Februar 1906 für 1 dz

1,50 M.; bei den meistbegünstigten Staaten frei				nicht ausgelaugt 7 M., bei den meistbegünstigten Staaten 2 M. (ausgelaugt frei).					
456 110	318 590	203 684	932 527	1 100 894	45 080	1 053 520	73 102 335	67 681 919	41 489 016
17 009	*8 663*	*20 185*		*73*	*92 381*		*5 420 416*		
434 412	348 744	272 190	1 003 359	934 369	40 523	845 501	74 789 422	69 573 466	42 648 535
20 839	*8 368*	*22 780*		*434*	*128 957*		*5 215 956*		
394 975	329 435	398 152	1 079 856	1 410 608	29 167	1 318 103	74 086 092	68 568 525	42 502 665
10 022	*7 935*	*24 749*		*10*	*121 662*		*5 517 567*		
306 266	265 940	367 879	908 435	1 552 807	17 500	1 473 810	76 414 880	70 838 775	43 912 957
8 206	*6 573*	*16 871*		*233*	*96 264*		*5 576 105*		

Tafel

Nachweisung des durchschnittlichen Verwertungspreises für 1 Fest=

Laufende Nummer	Regierungs- bezirk	Verwertete Holzmasse						Geldertrag			
		Bau- und Nutzholz einschl. Nutzrinde			Brennholz einschl. Brennrinde			im ganzen (Spalten 5 + 8)	Bau- u. Nutzholz einschl. Nutzrinde		Brennholz einschl. Brennrinde	
		aus dem Bestande des Vorjahres	aus dem Einschlage des letzten abgeschlossenen Jahres	Zusammen (Spalten 3 + 4)	aus dem Bestande des Vorjahres	aus dem Einschlage des letzten abgeschlossenen Jahres	Zusammen (Spalten 6 + 7)		Für das Holz in den Spalten 3 und 4 zur Kasse gelangen	Verwertungspreis für 1 fm	Für das Holz in den Spalten 6 und 7 zur Kasse gelangen	Verwertungspreis für 1 fm
		Festmeter							Mark	M. Pf.	Mark	M. Pf.
1.	2.	3.	4.	5.	6.	7.	8.	9.	10.	11.	12.	13.
1	Königsberg	.	413 771	413 771	.	289 358	289 358	703 129	3 923 353	9 48	1 316 221	4 55
2	Gumbinnen	34	374 127	374 161	26 548	361 916	388 464	762 625	3 909 549	10 45	1 482 435	3 82
3	Allenstein	161	623 278	623 439	20 357	284 516	304 873	928 312	9 527 078	15 28	1 111 519	3 65
4	Danzig	5	235 857	235 862	12	195 069	195 081	430 943	3 423 905	14 52	715 772	3 67
5	Marienwerder	6	619 948	619 954	1 649	440 572	442 221	1 062 175	9 320 289	15 03	1 711 362	3 87
6	Potsdam	.	534 550	534 550	4 154	414 327	418 481	953 031	9 020 760	16 88	2 312 519	5 53
7	Frankfurt a. O.	.	583 824	583 824	957	282 825	283 782	867 606	9 109 974	15 60	1 321 099	4 66
8	Stettin	.	295 570	295 570	.	251 840	251 840	547 410	5 100 630	17 26	1 253 220	4 98
9	Köslin	.	86 529	86 529	.	156 842	156 842	243 371	1 457 428	16 84	680 203	4 34
10	Stralsund	33	55 169	55 202	441	61 667	62 108	117 310	758 941	13 75	297 812	4 80
11	Posen	35	235 679	235 714	5 697	152 413	158 110	393 824	3 170 791	13 45	679 632	4 30
12	Bromberg	.	294 984	294 984	.	224 575	224 575	519 559	3 874 172	13 13	954 240	4 25
13	Breslau	.	307 242	307 242	1 505	143 537	145 042	452 284	4 343 587	14 14	697 277	4 81
14	Liegnitz	.	81 105	81 105	10	29 534	29 544	110 649	1 185 792	14 62	174 902	5 92
15	Oppeln	.	313 503	313 503	3	95 885	95 888	409 391	4 343 402	13 85	453 914	4 72
16	Magdeburg	10	108 008	108 018	8	130 031	130 039	238 057	1 788 474	16 56	605 209	4 65
17	Merseburg	84	206 248	206 332	77	157 129	157 206	363 538	3 748 078	18 17	856 545	5 45
18	Erfurt	.	174 036	174 036	.	106 541	106 541	280 577	3 238 808	18 61	641 699	6 02
19	Schleswig	169	86 355	86 524	162	114 149	114 311	200 835	1 081 072	12 49	604 903	5 29
20	Hannover	.	81 726	81 726	.	61 479	61 479	143 205	1 295 704	15 85	303 094	4 93
21	Hildesheim	.	341 376	341 376	4 168	274 879	279 047	620 423	5 745 500	16 83	1 129 519	4 05
22	Lüneburg	.	149 512	149 512	612	104 614	105 226	254 738	2 096 534	14 02	532 151	5 06
23	Stade	27	40 978	41 005	.	29 931	29 931	70 936	582 827	14 21	117 397	3 92
24	Osnabrück (mit Aurich)	.	28 791	28 791	1	19 746	19 747	48 538	407 863	14 17	87 661	4 44
25	Minden (mit Münster)	.	125 984	125 984	.	128 514	128 514	254 498	1 746 096	13 86	523 190	4 07
26	Arnsberg	.	69 125	69 125	.	54 753	54 753	123 878	937 567	13 56	256 418	4 68
27	Cassel	.	371 760	371 760	1 070	634 460	635 530	1 007 290	4 880 388	13 13	2 556 155	4 02
28	Wiesbaden	.	77 475	77 475	184	203 075	203 259	280 734	1 026 607	13 25	1 150 745	5 66
29	Coblenz	.	66 771	66 771	.	86 239	86 239	153 010	867 295	12 99	464 121	5 38
30	Düsseldorf	.	52 756	52 756	.	31 013	31 013	83 769	743 857	14 10	122 912	3 96
31	Cöln	.	33 755	33 755	.	19 698	19 698	53 453	442 881	13 12	69 505	3 53
32	Trier	11	180 419	180 430	54	165 881	165 935	346 365	2 501 261	13 86	1 063 245	6 41
33	Aachen	12	110 792	110 804	.	52 066	52 066	162 870	1 494 442	13 49	142 523	2 74
	Zusammen	587	7 361 003	7 361 590	67 669	5 759 074	5 826 743	13 188 333	107 094 905	14 55	26 389 119	4 53

8 b.

meter Holz im Etatsjahre 1911 (Forstwirtschaftsjahre 1. 10. 1910/11).

für Holz im ganzen (Spalten 10 + 12)	Gesamtverwertungspreis für 1 fm (Bau-, Nutz- und Brennholz zusammen) 14 : 9	Von der Holzmasse in Spalte 9 sind		Holzwerbungskosten (Titel 20 abzüglich etwaiger Werbungskosten für Nebennutzungen)	Der Verwertungspreis für 1 fm Derbholz beträgt, wenn der Erlös für Stockholz und Reisig mitgerechnet wird,				Von dem Einschlage des letzten abgeschlossenen Jahres sind unverwertet geblieben		Bemerkungen
		Derbholz	Nichtderbholz		einschl. (14:16)		ausschl. [(14−18):16]		Bau- und Nutzholz	Brennholz	
Mark	M. | Pf.	fm	fm	Mark	M. | Pf.		M. | Pf.		fm	fm	
14.	15.	16.	17.	18.	19.		20.		21.	22.	23.
5 239 574	7 | 45	642 179	60 950	985 075	8 | 16		6 | 63		3	20 567	
5 391 984	7 | 07	685 069	77 556	1 072 831	7 | 87		6 | 30		29	8 293	
10 638 597	11 | 46	838 502	89 810	1 105 292	12 | 69		11 | 37		.	8 531	
4 139 677	9 | 61	357 907	73 036	419 063	11 | 57		10 | 40		1	7	Zu Spalte 3 6 fm Nutzholz mehr als in der vorjährigen Nachweisung.
11 031 651	10 | 39	877 178	184 997	969 304	12 | 58		11 | 47		14	1 083	6. 1 „ Brennholz
11 333 279	11 | 89	847 918	105 113	1 246 619	13 | 37		11 | 90		149	554	
10 431 073	12 | 02	781 010	86 596	971 048	13 | 36		12 | 11		.	620	
6 353 850	11 | 61	499 859	47 551	582 436	12 | 71		11 | 55		1	272	
2 137 631	8 | 78	195 831	47 540	262 645	10 | 92		9 | 57		.	.	
1 056 753	9 | 01	95 284	22 026	227 864	11 | 09		8 | 70		26	156	
3 850 423	9 | 78	308 526	85 298	507 636	12 | 48		10 | 83		.	1 519	
4 828 412	9 | 29	413 115	106 444	476 888	11 | 69		10 | 53		1	6	
5 040 864	11 | 15	411 033	41 251	627 700	12 | 26		10 | 74		3	2 906	
1 360 694	12 | 30	99 319	11 330	147 365	13 | 70		12 | 22		3	2	
4 797 316	11 | 72	385 267	24 124	442 549	12 | 45		11 | 31		3	3	
2 393 683	10 | 06	174 345	63 712	334 006	13 | 73		11 | 81		.	.	Zu Spalte 6 11 fm Brennholz mehr als in der vorjährigen Nachweisung.
4 604 623	12 | 67	311 891	51 647	424 102	14 | 76		13 | 40		4	.	
3 880 507	13 | 83	245 503	35 074	537 997	15 | 81		13 | 61		.	.	
1 685 975	8 | 39	161 621	39 214	358 249	10 | 43		8 | 21		30	5	
1 598 798	11 | 16	119 410	23 795	234 940	13 | 39		11 | 42		.	68	
6 875 019	11 | 08	540 978	79 445	1 297 011	12 | 71		10 | 31		.	3 913	
2 628 685	10 | 32	199 957	54 781	445 355	13 | 15		10 | 92		.	.	
700 224	9 | 87	55 521	15 415	106 347	12 | 61		10 | 70		12	.	
495 524	10 | 21	37 468	11 070	82 979	13 | 23		11 | 01		.	.	
2 269 286	8 | 96	211 704	42 794	399 664	10 | 72		8 | 83		.	10	
1 193 985	9 | 64	110 471	13 407	171 897	10 | 81		9 | 25		1	.	
7 436 543	7 | 38	741 833	265 457	1 441 018	10 | 02		8 | 08		1	741	Zu Spalte 6. 184 fm Brennholz mehr als in der vorjährigen Nachweisung.
2 177 352	7 | 76	212 493	68 241	519 874	10 | 25		7 | 80		.	98	
1 331 416	8 | 70	118 997	34 013	253 930	11 | 19		9 | 05		.	.	
866 769	10 | 35	60 543	23 226	106 820	14 | 32		12 | 55		.	.	
512 386	9 | 59	42 167	11 286	98 925	12 | 15		9 | 81		.	.	
3 564 506	10 | 29	302 523	43 842	670 102	11 | 78		9 | 57		.	.	
1 636 965	10 | 05	139 792	23 078	241 092	11 | 71		9 | 99		.	.	Zu Spalte 3 Aus früheren Jahren.
133 484 024	10 | 12	11 225 214	1 963 119	17 768 623	11 | 89		10 | 31		281	49 354	Zu Spalte 3 und 6: 18 fm Nutzholz und 196 fm Brennholz mehr als in der vorjährigen Nachweisung.

Tafel

Nachweisung der Durchschnittspreise einiger Holzsortimente

Laubholz. Bau- und Nutzholz in

Laufende Nummer	Regierungsbezirk	Eichen Klasse III (von 40 bis 49 cm Mittendurchmesser)			Klasse IV (von 30 bis 39 cm Mittendurchmesser)			Buchen (Eschen, Rüstern, Klasse III (von 40 bis 49 cm Mittendurchmesser)		
		Es sind verwertet	Erzielter Erlös im ganzen	für 1 fm	Es sind verwertet	Erzielter Erlös im ganzen	für 1 fm	Es sind verwertet	Erzielter Erlös im ganzen	für 1 fm
		fm dec	Mark Pf.	M. Pf.	fm dec	Mark Pf.	M. Pf.	fm dec	Mark Pf.	M. Pf.
1.	2.	3.	4.	5.	6.	7.	8.	9.	10.	11.
1	Königsberg	685 16	31 145 83	45 46	493 32	17 774 94	36 03	38 43	858 60	22 34
2	Gumbinnen	71 49	2 840 80	39 74	164 14	4 941 50	30 11	27 02	461 80	17 09
3	Allenstein	486 99	15 736 29	32 31	411 18	7 603 99	18 49	21 55	272 28	12 63
4	Danzig	739 25	16 647 50	22 52	2 428 54	50 353 37	20 73	509 98	5 604 20	10 99
5	Marienwerder	666 77	19 840 30	29 76	1 068 14	24 391 70	22 84	142 19	2 073 60	14 58
6	Potsdam	510 80	25 972 80	50 85	527 52	14 805 20	28 07	295 64	4 948 64	16 74
7	Frankfurt a. O.	200 49	9 729 40	48 53	110 55	2 859 10	25 86	164 88	3 173 70	19 25
8	Stettin	518 98	16 968 43	32 70	177 35	3 648 88	20 57	392 40	7 973 11	20 32
9	Köslin	30 73	1 733 02	56 40	44 16	1 160 65	26 28	17 88	210 50	11 77
10	Stralsund	649 21	22 456 88	34 59	500 74	11 337 41	22 64	479 39	10 743 15	22 41
11	Posen	332 86	21 201 60	63 70	283 05	11 020 70	38 94	104 39	2 487 30	23 83
12	Bromberg	551 43	21 327 97	38 68	818 46	22 394 17	27 36	7 14	114 50	16 04
13	Breslau	465 27	25 167 96	54 09	255 69	8 161 27	31 92	423 83	10 920 20	25 77
14	Liegnitz	5 66	321 .	56 71	. .	. .	. .	2 22	40 .	18 02
15	Oppeln	952 11	56 305 93	59 14	709 40	21 812 50	30 75	57 99	1 048 61	18 08
16	Magdeburg	320 33	9 763 37	30 48	401 09	7 714 94	19 23	309 88	8 569 81	27 66
17	Merseburg	367 55	16 838 64	45 81	202 80	5 820 80	28 70	702 37	18 714 48	26 64
18	Erfurt	148 70	4 918 70	33 08	162 63	2 995 14	18 42	1 309 62	31 583 61	24 12
19	Schleswig	294 .	10 742 .	36 54	354 .	8 971 .	25 34	343 .	6 015 .	17 54
20	Hannover	266 60	10 216 50	38 32	302 26	8 301 20	27 46	1 900 94	45 851 20	24 12
21	Hildesheim	623 69	25 676 16	41 17	614 08	17 193 27	28 .	4 217 80	92 654 51	21 97
22	Lüneburg	225 95	9 799 38	43 37	200 51	5 419 12	27 03	480 13	10 512 63	21 90
23	Stade	130 36	5 371 50	41 21	193 90	5 238 50	27 02	124 68	2 452 56	19 67
24	Osnabrück (mit Aurich)	104 26	4 995 06	47 91	71 62	2 342 36	32 71	52 40	901 05	17 20
25	Minden (mit Münster)	96 53	3 778 70	39 15	180 19	5 457 90	30 29	3 232 29	57 371 01	17 75
26	Arnsberg	65 35	3 102 50	47 48	66 27	2 463 38	37 17	48 91	815 50	16 67
27	Cassel	831 35	35 747 22	43 .	569 88	14 779 86	25 94	3 368 23	67 465 54	20 03
28	Wiesbaden	238 28	7 354 44	30 86	479 63	9 202 90	19 19	1 210 17	20 666 67	17 08
29	Coblenz	123 12	4 393 61	35 69	256 01	5 806 80	22 68	207 77	3 368 73	16 21
30	Düsseldorf	41 02	2 486 .	60 60	19 76	829 .	41 95	11 86	345 .	29 09
31	Cöln	50 50	2 073 50	41 06	67 33	1 970 .	29 26	10 68	198 50	18 59
32	Trier	1 028 16	41 497 10	40 36	1 198 70	26 573 54	22 17	3 157 45	52 050 12	16 48
33	Aachen	159 10	7 216 20	45 36	97 21	2 743 93	28 23	384 68	6 868 .	17 85
	Summe	11 982 05	493 366 29	41 18	13 430 11	336 089 02	25 03	23 757 79	477 334 11	20 09

9c.
im Etatsjahr 1911 (Forstwirtschaftsjahr 1. 10. 1910/11).

Rundhölzern der Klasse A							Nadelholz. Bau- und Nutzholz in gewöhnlichen Rundhölzern			Regierungsbezirk
Ahorn usw.)			Weiches Laubholz einschl. Birken			Fichten				
Klasse IV (von 30 bis 39 cm Mittendurchmesser)			Klasse IV (von 30 bis 39 cm Mittendurchmesser)			Klasse II (von über 1 bis einschl. 2 Festmeter)				
Es sind verwertet	Erzielter Erlös		Es sind verwertet	Erzielter Erlös		Es sind verwertet	Erzielter Erlös		
	im ganzen	für 1 fm		im ganzen	für 1 fm		im ganzen	für 1 fm	
fm | dec	Mark | Pf.	M. | Pf.	fm | dec	Mark | Pf.	M. | Pf.	fm | dec	Mark | Pf.	M. | Pf.	
12.	13.	14.	15.	16.	17.	18.	19.	20.	
78 | 29	1 247 | 72	15 | 94	209 | 21	2 225 | 10	10 | 64	41 256 | 49	448 085 | 32	10 | 86	Königsberg.
114 | 88	2 251 | 80	19 | 60	1 511 | 20	14 032 | 70	9 | 29	24 485 | 56	307 553 | 20	12 | 56	Gumbinnen.
24 | 65	327 | 18	13 | 27	1 193 | 10	9 607 | 45	8 | 05	6 415 | 75	72 141 | 56	11 | 24	Allenstein.
1 328 | 63	13 560 | 10	10 | 21	405 | 48	3 252 | 26	8 | 02	530 | 89	7 273 | 10	13 | 70	Danzig.
147 | 24	1 988 | 43	13 | 50	411 | 93	4 579 | 54	11 | 12	10 | 70	151 | .	14 | 11	Marienwerder.
389 | 23	4 940 | 90	12 | 69	394 | 84	6 069 | 20	15 | 37	20 | 62	455 | .	22 | 07	Potsdam.
153 | 10	2 159 | 60	14 | 11	63 | 99	1 113 | 60	17 | 40	1 957 | 37	39 614 | 48	20 | 24	Frankfurt a. O.
223 | 58	2 983 | 56	13 | 34	50 | 68	594 | 25	11 | 73	26 | 73	368 | 79	13 | 80	Stettin.
4 | 71	46 | 90	9 | 96	312 | 84	3 249 | 90	10 | 39	35 | 90	686 | 80	19 | 13	Köslin.
160 | 93	3 359 | 01	20 | 87	90 | 78	949 | 66	10 | 46	4 531 | 10	27 244 | 50	6 | 01	Stralsund.
112 | 85	2 187 | 20	19 | 38	177 | 26	2 036 | 50	11 | 49	80 | 40	1 409 | 10	17 | 53	Posen.
20 | 55	296 | 50	14 | 43	219 | 87	2 821 | 70	12 | 83	10 | 99	161 | 50	14 | 70	Bromberg.
439 | 96	9 468 | 80	21 | 52	665 | 74	11 748 | 30	17 | 65	13 639 | 08	233 765 | 42	17 | 14	Breslau.
11 | 04	165 | 30	14 | 97	. | .	. | .	. | .	2 551 | 46	44 918 | 48	17 | 61	Liegnitz.
60 | 36	1 051 | 90	17 | 43	530 | 98	6 739 | 95	12 | 69	14 392 | 13	245 930 | 51	17 | 09	Oppeln.
236 | 89	5 383 | 62	22 | 73	93 | 88	1 360 | 47	14 | 49	33 | 11	610 | 50	18 | 44	Magdeburg.
720 | 46	16 493 | 86	22 | 89	139 | 15	2 439 | 13	17 | 53	7 109 | 44	153 172 | 76	21 | 54	Merseburg.
2 269 | 17	43 280 | 95	19 | 07	53 | 94	826 | 40	15 | 32	9 968 | 17	249 121 | 33	24 | 99	Erfurt.
411 | .	6 943 | .	16 | 89	160 | .	2 851 | .	17 | 82	1 128 | .	15 774 | .	13 | 98	Schleswig.
1 975 | 33	34 781 | 11	17 | 61	26 | 89	533 | .	19 | 82	1 679 | 74	37 317 | 51	22 | 22	Hannover.
7 746 | 13	132 192 | 84	17 | 07	126 | 78	1 560 | 16	12 | 31	40 418 | 94	1 039 503 | 43	25 | 72	Hildesheim.
314 | 19	5 548 | 98	17 | 66	176 | 31	3 408 | 53	19 | 33	2 138 | 63	50 531 | 44	23 | 63	Lüneburg.
207 | 34	2 539 | 14	12 | 25	11 | 77	156 | 40	13 | 29	486 | 85	11 266 | 60	23 | 14	Stade.
258 | 35	3 156 | 79	12 | 22	3 | 13	51 | 65	16 | 50	1 160 | 49	22 062 | 85	19 | 01	Osnabrück (mit Aurich).
5 757 | 07	80 963 | 53	14 | 06	11 | 41	156 | 13	13 | 68	4 219 | 15	97 823 | 50	23 | 19	Minden (mit Münster).
85 | 23	818 | 51	9 | 60	. | .	. | .	. | .	3 905 | 60	83 820 | 66	21 | 46	Arnsberg.
5 525 | 89	88 119 | 79	15 | 95	88 | .	1 041 | 62	11 | 84	7 486 | 68	167 598 | 70	22 | 39	Cassel.
1 515 | 83	18 055 | 68	11 | 91	13 | 39	158 | 19	11 | 81	3 642 | 10	77 335 | 58	21 | 23	Wiesbaden.
375 | 01	4 789 | 75	12 | 77	12 | 58	105 | 50	8 | 38	2 043 | 07	38 840 | 18	19 | 01	Coblenz.
23 | 90	490 | .	20 | 50	. | .	. | .	. | .	5 | 25	92 | 90	17 | 70	Düsseldorf.
. | 90	18 | .	20 | .	. | .	. | .	. | .	447 | 65	7 738 | 01	17 | 29	Cöln.
3 263 | 09	40 198 | 90	12 | 32	25 | 89	262 | 82	10 | 15	1 328 | 01	23 731 | 28	17 | 87	Trier.
272 | 06	3 580 | .	13 | 16	. | .	. | .	. | .	3 860 | 11	84 178 | 21	21 | 81	Aachen.
34 227 | 84	533 389 | 35	15 | 58	7 181 | 02	83 931 | 11	11 | 69	201 006 | 16	3 590 278 | 20	17 | 86	

Zu Tafel

Laufende Nummer	Regierungsbezirk	Nadelholz. Bau- und Nutzholz in gewöhnlichen Rundhölzern								
		Fichten			Kiefern					
		Klasse III (von über 0,5 bis einschl. 1 Festmeter)			Klasse II (von über 1 bis einschl. 2 Festmeter)			Klasse III (von über 0,5 bis einschl. 1 Festmeter)		
		Es sind verwertet	Erzielter Erlös		Es sind verwertet	Erzielter Erlös		Es sind verwertet	Erzielter Erlös	
			im ganzen	für 1 fm		im ganzen	für 1 fm		im ganzen	für 1 fm
		fm dec	Mark Pf.	M. Pf.	fm dec	Mark Pf.	M. Pf.	fm dec	Mark Pf.	M. Pf.
		21.	22.	23.	24.	25.	26.	27.	28.	29.
1	Königsberg	53 195 01	519 981 04	9 77	14 344 81	253 663 34	17 68	9 472 48	123 301 67	13 02
2	Gumbinnen	35 210 64	403 963 05	11 47	7 690 68	125 187 50	16 28	12 937 23	168 706 90	13 04
3	Allenstein	9 085 41	91 093 22	10 03	135 340 25	2 773 994 76	20 50	100 532 58	1 405 306 76	13 98
4	Danzig	1 290 97	14 055 30	10 89	43 659 84	784 340 53	17 96	31 539 47	470 469 63	14 92
5	Marienwerder	37 44	428 60	11 45	97 030 97	1 912 840 21	19 71	98 176 67	1 560 390 28	15 89
6	Potsdam	56 31	848 .	15 06	110 839 78	2 586 568 90	23 34	101 933 08	1 772 048 36	17 38
7	Frankfurt a. O.	1 354 66	22 817 80	16 84	35 348 22	793 585 41	22 45	40 379 75	679 485 26	16 83
8	Stettin	72 46	919 23	12 69	36 918 93	799 776 15	21 66	25 584 32	442 116 91	17 28
9	Köslin	93 26	1 378 20	14 78	13 737 63	273 106 47	19 88	11 041 30	190 010 20	17 21
10	Stralsund	2 744 09	29 862 63	10 88	261 10	4 361 84	16 71	820 30	11 787 72	14 37
11	Posen	124 02	1 732 20	13 97	22 615 78	503 774 26	22 28	27 055 61	472 409 56	17 46
12	Bromberg	88 04	1 084 30	12 32	43 732 27	696 760 81	15 93	41 660 65	562 733 82	13 51
13	Breslau	21 464 07	296 865 50	13 83	14 690 83	311 529 68	21 21	27 837 01	431 580 09	15 50
14	Liegnitz	2 284 38	34 740 75	15 21	1 562 30	38 562 13	24 68	2 534 60	44 746 48	17 65
15	Oppeln	15 378 21	220 707 33	14 35	25 350 04	609 388 20	24 04	42 604 85	742 449 45	17 43
16	Magdeburg	160 06	2 815 .	17 59	9 293 81	215 540 82	23 19	15 527 15	283 794 10	18 28
17	Merseburg	5 350 65	102 502 05	19 16	20 424 29	501 180 84	24 54	28 829 04	574 910 93	19 94
18	Erfurt	14 140 71	306 551 02	21 68	76 11	1 635 41	21 49	648 28	11 496 49	17 73
19	Schleswig	3 800 .	46 127 .	12 14	295 .	4 859 .	16 47	1 634 .	23 182 .	14 19
20	Hannover	4 146 29	84 469 76	20 37	1 771 81	37 786 30	21 33	4 739 71	78 758 .	16 62
21	Hildesheim	54 997 90	1 177 784 08	21 42	228 49	5 298 93	23 19	581 74	8 378 66	14 40
22	Lüneburg	3 877 88	75 375 52	19 44	5 598 50	129 410 57	23 12	10 600 96	187 982 21	17 73
23	Stade	1 565 54	28 981 52	18 51	573 07	12 769 .	22 28	3 408 15	59 664 72	17 51
24	Osnabrück (m. Aurich)	1 774 67	31 807 29	17 92	231 32	4 259 54	18 41	1 602 39	23 495 75	14 66
25	Minden (m. Münster)	8 348 59	162 249 66	19 43	551 36	11 172 39	20 26	1 618 31	24 908 12	15 39
26	Arnsberg	7 730 03	137 353 36	17 77	107 80	1 798 30	16 68	266 30	3 668 70	13 78
27	Cassel	14 098 13	280 926 94	19 93	5 495 39	110 784 74	20 16	21 485 01	334 530 12	15 57
28	Wiesbaden	5 475 70	94 667 25	17 29	278 03	5 706 50	20 52	933 83	14 136 90	15 14
29	Coblenz	5 387 99	85 268 70	15 83	76 11	1 387 82	18 23	813 16	10 071 76	12 39
30	Düsseldorf	13 40	192 90	14 40	1 211 36	22 320 12	18 43	5 699 27	91 085 13	15 98
31	Cöln	900 82	13 617 49	15 12	.	.	.	.	.	.
32	Trier	5 395 15	86 150 53	15 97	745 .	13 391 65	17 98	1 656 14	27 481 88	16 59
33	Aachen	11 353 47	204 252 67	17 99	823 14	13 112 09	15 93	3 767 94	53 326 89	14 15
	Summe	290 995 95	4 561 569 89	15 68	650 904 02	13 559 854 21	20 83	677 921 28	10 888 415 45	16 06

9 c.

Brennholz.						Rinde.			
Buchen (Eschen, Rüstern, Ahorn usw.)			Kiefern			Eichen.	Spiegelrinde (ausschließlich der Werbungskosten)		
Kloben						Es sind verwertet in Mengen von 50 kg	Erzielter Erlös		Regierungsbezirk
Es sind verwertet	Erzielter Erlös		Es sind verwertet	Erzielter Erlös			im ganzen	für 50 kg	
	im ganzen	für 1 rm		im ganzen	für 1 rm				
rm dec	Mark Pf.	M. Pf.	rm dec	Mark Pf.	M. Pf.	dec	Mark Pf.	M. Pf.	
30.	31.	32.	33.	34.	35.	36.	37.	38.	39.
9 842 .	41 759 20	4 24	41 945 70	138 689 88	3 31	.	.	. .	Königsberg.
2 225 .	7 559 30	3 40	38 545 20	135 813 30	3 52	.	.	. .	Gumbinnen.
5 700 50	22 764 70	3 99	114 463 80	371 167 79	3 24	.	.	. .	Allenstein.
25 781 90	106 537 10	4 13	38 748 80	166 380 04	4 29	.	.	. .	Danzig.
8 838 .	45 086 50	5 10	160 648 88	646 415 70	4 02	.	.	. .	Marienwerder.
32 157 20	146 401 50	4 55	196 342 90	1 031 947 23	5 26	.	.	. .	Potsdam.
11 858 .	57 935 60	4 89	75 158 30	344 076 77	4 58	.	.	. .	Frankfurt a. O.
43 127 .	219 125 50	5 08	65 327 70	266 216 77	4 08	.	.	. .	Stettin.
39 550 .	191 580 50	4 84	33 200 20	115 553 60	3 48	.	.	. .	Köslin.
11 864 .	60 112 35	5 07	6 054 .	23 792 80	3 93	.	.	. .	Stralsund.
3 432 .	16 353 60	4 77	37 759 50	168 892 90	4 47	.	.	. .	Posen.
439 .	2 429 90	5 54	84 838 70	403 742 99	4 76	.	.	. .	Bromberg.
8 568 .	34 904 90	4 07	49 732 50	206 782 93	4 16	.	.	. .	Breslau.
1 351 .	6 224 90	4 61	7 957 .	38 513 87	4 84	.	.	. .	Liegnitz.
1 294 20	4 696 60	3 63	23 193 40	99 261 83	4 28	.	.	. .	Oppeln.
13 677 50	77 365 80	5 66	12 227 50	60 719 .	4 97	272 40	721 90	2 65	Magdeburg.
13 949 70	68 471 70	4 91	58 015 .	316 841 59	5 46	.	.	. .	Merseburg.
37 727 50	259 813 40	6 89	300 30	1 563 40	5 21	.	.	. .	Erfurt.
48 467 .	299 235 .	6 17	2 372 .	9 537 .	4 02	.	.	. .	Schleswig.
17 485 40	99 533 90	5 69	1 147 30	5 765 40	5 03	.	.	. .	Hannover.
89 872 40	440 229 93	4 90	586 80	1 721 10	2 93	.	.	. .	Hildesheim.
11 766 .	88 082 50	7 49	3 505 .	17 326 .	4 94	.	.	. .	Lüneburg.
4 440 .	32 358 20	7 29	951 50	3 918 30	4 12	.	.	. .	Stade.
1 611 .	8 779 20	5 45	301 .	1 063 40	3 53	.	.	. .	Osnabrück (mit Aurich).
55 956 70	234 498 96	4 19	448 80	1 851 10	4 12	.	.	. .	Minden (mit Münster).
35 331 35	148 492 34	4 20	2 .	4 40	2 20	.	.	. .	Arnsberg.
171 557 20	927 396 35	5 41	8 684 60	34 787 63	4 01	3 536 77	9 091 16	2 57	Cassel.
81 748 .	499 371 25	6 11	1 458 .	6 515 92	4 47	914 15	1 828 44	2 .	Wiesbaden.
33 085 .	207 001 35	6 26	354 .	1 633 20	4 61	514 .	387 30	. 75	Coblenz.
3 825 95	22 809 20	5 96	1 803 50	10 128 .	5 62	.	.	. .	Düsseldorf.
3 262 .	15 018 60	4 60	215 .	664 10	3 09	.	.	. .	Cöln.
87 349 .	527 995 60	6 04	758 .	2 681 60	3 54	.	.	. .	Trier.
19 234 40	61 902 28	3 22	122 .	399 09	3 27	100 .	300 .	3 .	Aachen.
936 373 90	4 981 827 71	5 32	1 067 168 88	4 634 368 63	4 34	5 337 32	12 328 80	2 31	

Tafel 11b.

Zusammenstellung der im ganzen Staate ausgegebenen Jagdscheine im Etatsjahre 1911.

Lfd. Nr.	Provinz	Jahres-Jagdscheine	Tages-Jagdscheine	Ausländer Jahres-Jagdscheine	Ausländer Tages-Jagdscheine	Doppel-Ausfertigungen	unentgeltliche	Zusammen Jahres- und unentgeltliche Jagdscheine	Zusammen Tages-Jagdscheine	Lfd. Nr.
1.	2.	3.	4.	5.	6.	7.	8.	9.	10.	11.
1	Ostpreußen	9 966	1 278	.	.	81	1 318	11 284	1 278	1
2	Westpreußen	6 792	848	.	1	60	1 128	7 920	849	2
3	Brandenburg	18 354	2 671	5	5	155	2 220	20 579	2 676	3
4	Pommern	8 974	1 542	6	4	66	1 048	10 028	1 546	4
5	Posen	8 536	1 370	7	60	95	775	9 318	1 430	5
6	Schlesien	15 215	2 161	34	145	117	2 060	17 309	2 306	6
7	Sachsen	17 361	4 905	6	12	105	1 088	18 455	4 917	7
8	Schleswig-Holstein	11 751	1 529	9	18	86	325	12 085	1 547	8
9	Hannover	18 640	3 402	36	33	152	1 120	19 796	3 435	9
10	Westfalen	13 223	2 143	3	9	97	691	13 917	2 152	10
11	Hessen-Nassau	6 684	883	2	4	49	1 800	8 486	887	11
12	Rheinprovinz	18 571	2 775	153	228	146	1 521	20 245	3 003	12
13	Hohenzollern	436	43	4	.	1	70	510	43	13
	im ganzen	154 503	25 550	265	519	1 210	15 164	169 932	26 069	

Tafel 18b.

Zusammenstellung der in den Staatsforsten beim Forst- und Jagdschutze vorgekommenen Tötungen und Verwundungen in den Kalenderjahren 1907—1911.

Jahr	Forstbeamte wurden durch Wilddiebe und Forstfrevler getötet	schwer verwundet	leicht verwundet	Summe der Fälle	Bei der Ausübung des Forstschutzes in den königlichen Forsten wurden außerdem Personen, die nicht dem zum Waffengebrauche berechtigten Forstschutzpersonale angehörten, getötet	schwer verwundet	leicht verwundet	Summe der Fälle	Vom Forstschutzpersonale wurden durch Wilddiebe und Forstfrevler zusammen getötet	schwer verwundet	leicht verwundet	Summe der Fälle	Wilddiebe und Forstfrevler wurden durch Forstbeamte bei gerechtfertigtem Waffengebrauch getötet	schwer verwundet	leicht verwundet	Summe der Fälle
1.	2.	3.	4.	5.	6.	7.	8.	9.	10.	11.	12.	13.	14.	15.	16.	17.
1907	1	.	1	2	.	.	.	.	1	.	1	2	2	1	3	6
1908	.	.	.	.	.	.	.	.	.	.	.	.	3	2	3	8
1909	.	.	1	1	.	.	.	.	.	.	1	1	3	3	1	7
1910	1	.	2	3	.	.	.	.	1	.	2	3	2	1	2	5
1911	.	.	.	.	.	.	.	.	.	.	.	.	1	.	.	1

Jahr	Wilddiebe und Forstfrevler wurden durch Forstbeamte bei ungerechtfertigtem Waffengebrauch getötet	schwer verwundet	leicht verwundet	Summe der Fälle	Wilddiebe und Forstfrevler wurden durch Personen, die mit Ausübung des Forstschutzes in den königlichen Forsten betraut waren, aber nicht dem zum Waffengebrauch berechtigten Forstschutzpersonale angehörten, in der Notwehr getötet	schwer verwundet	leicht verwundet	Summe der Fälle	ungerechtfertigt getötet	schwer verwundet	leicht verwundet	Summe der Fälle	Wilddiebe und Forstfrevler wurden zusammen getötet	schwer verwundet	leicht verwundet	Summe der Fälle
	18.	19.	20.	21.	22.	23.	24.	25.	26.	27.	28.	29.	30.	31.	32.	33.
1907	.	.	.	.	.	.	.	.	.	.	.	.	2	1	3	6
1908	.	.	.	.	.	.	.	.	.	.	.	.	3	2	3	8
1909	.	.	.	.	.	.	.	.	.	.	.	.	3	3	1	7
1910	.	.	.	.	.	.	.	.	.	.	.	.	2	1	2	5
1911	.	.	.	.	.	.	.	.	.	.	.	.	1	.	.	1

Tafel 19b.

Nachweisung der Forst-, Jagd- und Fischereifrevel in den Staatsforsten im Kalenderjahre 1911.

1.	2.	3.	4.	5.	6.	7.	8.	9.	10.	11.	12.	13.	14.	15.	16.	17.	18.	19.	20.	21.	22.	23.	24.	25.	26.	27.	28.
Laufende Nummer	Regierungsbezirk	\multicolumn{12}{c}{Zahl der zur Anzeige gebrachten}	\multicolumn{12}{c}{Zahl der zur Verurteilung gelangten}	Zahl der Bestrafungen wegen Waldbrandstiftung	Bemerkungen
		\multicolumn{2}{c}{Diebstähle an aufgearbeitetem Holze}	\multicolumn{2}{c}{Vergehen gegen das Forstdiebstahlsgesetz}	\multicolumn{2}{c}{Forstpolizeiübertretungen}	\multicolumn{2}{c}{Jagdvergehen und -übertretungen}	\multicolumn{2}{c}{Fischereivergehen}	\multicolumn{2}{c}{Fälle der Widersetzlichkeit gegen Forstbeamte}	\multicolumn{2}{c}{Diebstähle an aufgearbeitetem Holze}	\multicolumn{2}{c}{Vergehen gegen das Forstdiebstahlsgesetz}	\multicolumn{2}{c}{Forstpolizeiübertretungen}	\multicolumn{2}{c}{Jagdvergehen und -übertretungen}	\multicolumn{2}{c}{Fischereivergehen}	\multicolumn{2}{c}{Fälle der Widersetzlichkeit gegen Forstbeamte}		
		im ganzen	für 100 ha der Gesamtfläche	im ganzen	für 100 ha der Gesamtfläche	im ganzen	für 100 ha der Gesamtfläche	im ganzen	für 100 ha der Gesamtfläche	im ganzen	für 100 ha der Gesamtfläche	im ganzen	für 100 ha der Gesamtfläche	im ganzen	für 100 ha der Gesamtfläche	im ganzen	für 100 ha der Gesamtfläche	im ganzen	für 100 ha der Gesamtfläche	im ganzen	für 100 ha der Gesamtfläche	im ganzen	für 100 ha der Gesamtfläche	im ganzen	für 100 ha der Gesamtfläche		
1	Königsberg	57	0,04	365	0,27	214	0,16	15	0,01	11	0,01	6	.	50	0,04	350	0,26	209	0,15	10	0,01	11	0,01	6	.	.	.
2	Gumbinnen	78	0,05	310	0,19	196	0,12	6	.	19	0,01	1	.	72	0,04	296	0,18	181	0,11	5	.	18	0,01	1	.	4	.
3	Allenstein	114	0,05	623	0,27	565	0,24	21	0,01	129	0,06	8	.	97	0,04	591	0,25	540	0,23	18	0,01	114	0,05	6	.	1	.
4	Danzig	114	0,08	2 084	1,46	442	0,31	17	0,01	35	0,02	2	.	99	0,07	2 060	1,46	428	0,30	16	0,01	35	0,02	2	.	3	.
5	Marienwerder	149	0,05	1 482	0,51	859	0,30	34	0,01	37	0,01	6	.	134	0,05	1 463	0,50	831	0,29	28	0,01	36	0,01	4	.	3	.
6	Potsdam	35	0,02	1 467	0,65	2 435	1,08	22	0,01	158	0,07	2	.	28	0,01	1 363	0,60	2 342	1,04	17	0,01	144	0,06	2	.	2	.
7	Frankfurt a. O.	9	.	568	0,27	682	0,33	4	.	56	0,03	1	.	8	.	561	0,27	661	0,32	4	.	59	0,03	1	.	3	.
8	Stettin	23	0,02	1 207	1,01	1 116	0,93	17	0,01	30	0,03	2	.	17	0,01	1 187	0,99	1 087	0,91	14	0,01	23	0,02	2	.	1	.
9	Köslin	23	0,03	184	0,21	168	0,21	13	0,01	1	.	1	.	18	0,02	180	0,21	167	0,20	7	.	1	.	2	.	1	.
10	Stralsund	1	.	142	0,49	91	0,32	1	.	.	.	.	.	.	.	139	0,48	85	0,30	.	.	.	.	.	.	.	.
11	Posen	20	0,02	910	0,85	304	0,28	16	0,01	4	.	1	.	16	0,01	900	0,84	279	0,26	12	0,01	3	.	1	.	3	.
12	Bromberg	60	0,04	1 403	1,01	475	0,34	26	0,02	2	.	2	.	47	0,03	1 379	0,99	457	0,33	21	0,02	2	.	2	.	1	.
13	Breslau	6	0,01	330	0,52	99	0,16	7	0,01	24	0,04	2	.	6	0,01	326	0,51	237	0,16	8	0,01	24	0,04	1	.	1	.
14	Liegnitz	2	.	27	0,11	11	0,04	3	.	22	0,09	2	.	.	.	27	0,11	10	0,04	1	.	22	0,09	2	.	.	.
15	Oppeln	43	0,06	1 183	1,52	134	0,17	9	.	6	.	6	.	35	0,05	1 154	1,49	132	0,17	8	.	5	.	.	.	.	.
16	Magdeburg	9	0,01	589	0,85	220	0,32	7	0,01	34	0,05	3	.	4	0,01	536	0,77	213	0,31	7	0,01	34	0,05	2	.	3	.
17	Merseburg	12	0,01	656	0,83	359	0,46	5	.	1	.	2	.	11	0,01	649	0,82	354	0,45	3	.	1	.	2	.	1	.
18	Erfurt	2	.	360	0,92	240	0,61	3	.	2	.	2	.	3	0,01	356	0,91	237	0,60	3	.	2	.	1	.	.	.
19	Schleswig	9	0,01	19	0,04	59	0,13	3	.	.	.	2	.	7	0,01	19	0,04	57	0,13	1	.	.	.	2	.	.	.
20	Hannover	4	0,01	138	0,46	123	0,41	3	0,01	.	.	1	.	3	0,01	145	0,45	122	0,41	2	.	.	.	.	.	.	.
21	Hildesheim	11	0,01	501	0,48	271	0,26	6	0,01	25	0,02	2	.	9	0,01	494	0,47	264	0,25	5	.	24	0,02	.	.	4	.
22	Lüneburg	.	.	29	0,04	308	0,37	12	0,02	52	0,07	.	.	.	.	25	0,03	298	0,36	9	0,01	.	.	.	.	.	.
23	Stade	1	.	4	0,02	25	0,12	10	0,04	21	0,09	.	.	.	.	3	0,01	24	0,11	7	0,03	.	.	.	.	.	.
24	Osnabrück (m. Aurich)	.	.	9	0,06	38	0,23	2	0,01	4	0,03	6	.	.	.	9	0,06	38	0,23	2	0,01	.	.	.	.	.	.
25	Minden (m. Münster)	6	0,02	188	0,52	124	0,34	9	0,02	.	.	1	.	3	0,01	211	0,55	110	0,30	6	0,02	.	.	1	.	.	.
26	Arnsberg	1	.	71	0,28	48	0,19	8	0,03	5	0,02	11	.	1	.	67	0,27	44	0,18	7	0,03	5	0,02	8	.	4	.
27	Cassel	35	0,02	1 216	0,58	739	0,36	39	0,02	70	0,03	11	.	21	0,01	1 184	0,57	707	0,34	32	0,02	51	0,02	8	.	.	.
28	Wiesbaden	10	0,02	290	0,54	434	0,81	20	0,04	105	0,20	1	.	6	0,01	275	0,51	412	0,77	16	0,03	90	0,17	1	.	1	.
29	Coblenz	2	0,01	72	0,23	56	0,18	6	0,02	3	0,01	1	.	3	0,01	71	0,23	53	0,18	2	0,01	3	0,01	1	.	.	.
30	Düsseldorf	5	0,04	54	0,29	12	0,06	10	0,05	52	0,26	2	.	4	0,01	50	0,27	12	0,06	6	0,02	35	0,18	4	.	.	.
31	Cöln	6	0,04	201	1,34	48	0,33	10	0,07	26	0,19	2	.	2	.	194	1,30	47	0,30	6	0,04	32	0,19	.	.	.	.
32	Trier	108	0,16	2 672	3,94	1 071	1,60	17	0,03	21	0,03	16	.	87	0,13	2 618	3,92	1 011	1,51	13	0,02	19	0,03	14	0,02	1	.
33	Aachen	4	0,01	82	0,23	59	0,17	.	.	4	0,01	.	.	4	0,01	79	0,22	58	0,16	.	.	4	.	.	.	.	.
	Summe	957	0,03	19 391	0,64	12 025	0,40	374	0,01	864	0,03	84	.	799	0,03	18 961	0,62	11 566	0,38	291	0,01	773	0,03	66	.	30	.

Tafel 27a. Summarische, nach alten und neuen Provinzen getrennte Übersicht über den Fortgang der Berechtigungs- usw. Ablösungen in den Staatsforsten in den Etatsjahren 1907—1911.

		1. In den **alten** Provinzen					2. In den **neuen** Provinzen					
		Anzahl der		Als Abfindung sind gegeben			Anzahl der		Als Abfindung sind gegeben			
Nr.	Jahr	bearbeiteten	abgeschlossenen	Forstland		Kapital	Renten	bearbeiteten	abgeschlossenen	Forstland		Kapital	Renten
		Sachen		ha	dec	Mark	Mark	Sachen		ha	dec	Mark	Mark
1.	2.	3.	4.	5.		6.	7.	8.	9.	10.		11.	12.
1	1907	79	28	.	.	336 650	31 163	27	10	38	2440	32 959	1812
2	1908	63	19	.	.	263 245	762 920	23	9	10	3800	83 139	1811
3	1909	64	17	.	.	129 162	767 057	18	5	18	5820	145 679	1645
4	1910	59	17	.	.	259 451	704 684	12	2	11	3190	66 350	1731
5	1911	65	27	.	.	2 748 561	757 644	13	7	21	9038	3 259	1732

Tafel 27b. Übersicht über den Fortgang der Forstberechtigungs- usw. Ablösungen in den einzelnen Regierungsbezirken im Etatsjahre 1911.

Lfd. Nr.	Regierungsbezirk	Bearbeitete	Abgeschlossene	Als Abfindung sind gegeben				Lfd. Nr.	Regierungsbezirk	Bearbeitete	Abgeschlossene	Als Abfindung sind gegeben			
				Forstland		Kapital	Renten					Forstland		Kapital	Renten
		Sachen		ha	dec	Mark	Mark			Sachen		ha	dec	Mark	Mark
1.	2.	3.	4.	5.		6.	7.	1.	2.	3.	4.	5.		6.	7.
1	Königsberg	2	2	.	.	742 697	197 812		Übertrag	59	24	.	.	2 745 794	727 130
2	Gumbinnen	7	2	.	.	1 019 679	284 059	18	Erfurt	3	2	.	.	226	1 188
3	Allenstein	6	.	.	.	880 155	235 716	19	Schleswig	2	1	.	.	.	711
4	Danzig	2	.	.	.	.	1 732	20	Hannover	.	.	.	.	.	.
5	Marienwerder	11	4	.	.	14 528	.	21	Hildesheim	5	2	.	.	1 640	.
6	Potsdam	3	3	.	.	19 992	8 318	22	Lüneburg	1	.	.	.	39	1 017
7	Frankfurt a. O.	7	4	.	.	36 662	.	23	Stade	.	.	.	.	.	.
8	Stettin	5	2	.	.	7 471	1 188	24	Osnabrück (mit Aurich)	.	.	.	.	.	.
9	Köslin	1	1	.	.	9 398	.	25	Minden (mit Münster)	4	2	21	9038	2 879	.
10	Stralsund	.	.	.	.	.	.	26	Arnsberg	.	.	.	.	.	.
11	Posen	1	.	.	.	155	.	27	Cassel	3	3	.	.	1 242	4
12	Bromberg	3	1	.	.	1 661	.	28	Wiesbaden	1	.	.	.	.	.
13	Breslau	6	3	.	.	1 952	4	29	Coblenz	.	.	.	.	.	.
14	Liegnitz	.	.	.	.	5 700	.	30	Düsseldorf	.	.	.	.	.	.
15	Oppeln	5	2	.	.	1 300	.	31	Cöln	.	.	.	.	.	.
16	Magdeburg	.	.	.	.	2 712	.	32	Trier	.	.	.	.	.	29 326
17	Merseburg	.	.	.	.	.	33	33	Aachen	.	.	.	.	.	.
	Zu übertragen	59	24	.	.	2 745 794	727 130		Zusammen	78	34	21	9038	2 751 820	759 376

15

Tafel 27c.
Zusammenstellung der Amortisationsrenten, die auf Grund des Gesetzes vom 27. April 1872 (Ges.-S. S. 417) und der demselben nachgebildeten Gesetze für abgelöste Leistungen der Forstverwaltung an Kirchen, Pfarren, Küstereien, sonstige geistliche Institute, fromme und milde Stiftungen, Wohltätigkeits-Anstalten usw. in den Etatsjahren 1908 bis 1911 an die Provinzial-Rentenbanken gezahlt worden sind.

Nr.	Regierungsbezirk	1908 Mark	Pf.	1909 Mark	Pf.	1910 Mark	Pf.	1911 Mark	Pf.
1.	2.	3.		4.		5.		6.	
1	Königsberg								
2	Gumbinnen								
3	Allenstein	69 720	20	69 718	61	69 634	80	69 634	40
4	Danzig								
5	Marienwerder								
6	Potsdam	51 079	.	51 079	.	51 079	.	51 079	.
7	Frankfurt a. O.								
8	Stettin								
9	Köslin	69 807	56	69 363	99	69 363	99	69 363	99
10	Stralsund								
11	Posen	.	.	.	.	.	.	.	.
12	Bromberg	.	.	.	.	.	.	.	.
13	Breslau								
14	Liegnitz	12 168	86	12 168	86	12 168	26	12 168	86
15	Oppeln								
16	Magdeburg	.	.	.	.	.	.	.	.
17	Merseburg	.	.	.	.	.	.	.	.
18	Erfurt	.	.	.	.	.	.	.	.
19	Schleswig	9 374	08	9 374	08	9 174	20	9 174	20
20	Hannover								
21	Hildesheim								
22	Lüneburg	68 367	40	68 367	40	68 318	.	68 318	.
23	Stade								
24	Osnabrück (m. Aurich)								
25	Minden (m. Münster)	.	.	.	.	.	.	.	.
26	Arnsberg	.	.	.	.	.	.	.	.
27	Cassel	.	.	.	.	.	.	.	.
28	Wiesbaden	.	.	.	.	.	.	.	.
29	Coblenz	.	.	.	.	.	.	.	.
30	Düsseldorf	.	.	.	.	.	.	.	.
31	Cöln	.	.	.	.	.	.	.	.
32	Trier	.	.	.	.	.	.	.	.
33	Aachen	.	.	.	.	.	.	.	.
	Zusammen	280 517	10	280 071	94	279 738	25	279 738	45

Tafel 33a.
Nachweisung des jährlichen Bedarfs an Kiefernsamen in den Staatsforsten und der auf den Königlichen Darren gewonnenen Samenmengen in den Forstwirtschaftsjahren 1. 10. 1907 bis 1911.

Bedarfsmenge zu den Kulturen für	kg	dec.	Selbstgewonnener Samen kg	dec.	Selbstkostenpreis für das kg einschl. des Betrages für Verzinsung und Tilgung des Baukapitals Mark	Pf.
1.	2.		3.		4.	
1907	56 272	60	26 737	72	4	81
1908	36 715	.	13 276	29	7	64
1909	31 658	52	50 989	19	7	13
1910	42 604	46	60 957	80	6	95
1911	40 337	.	34 507	.	7	51

Tafel 34a. Nachweisung über den Wildabschuß
(Die schrägen Zahlen

Durch Verwaltungsbeschuß sind erlegt:

Laufende Nummer	Regierungsbezirk	Elchwild Hirsche	Mutterwild	Kälber	Elchbecken eingegangener Stücke	Rotwild Hirsche	Mutterwild	Kälber	Damwild Hirsche	Mutterwild	Kälber	Rehe Böcke	Ricken	Kälber	Sauen	Auerwild	Birkwild	Fasanen	Haselwild	Wildschwäne	Hasen	Rebhühner	Moorhühner	Schnepfen	Gr. Brachvögel
1.	2.	3.	4.	5.	6.	7.	8.	9.	10.	11.	12.	13.	14.	15.	16.	17.	18.	19.	20.	21.	22.	23.	24.	24a.	24b.
1	Königsberg	10	22	.	.	13	12	9	27	64	55	410	255	1	14	.	14	12	54	.	4368	196	22	.	.
2	Gumbinnen	13	5	.	2	73	139	131	20	15	13	575	409	91	87	3	16	57	37	.	5447	262	.	.	.
3	Allenstein	.	.	.	.	29	76	40	1	4	.	632	562	193	15	.	10	8	27	7	4352	176	.	.	.
4	Danzig	.	.	.	.	4	.	.	1	3	.	293	189	.	21	23	.	2	43	.	1952	78	.	.	.
5	Marienwerder	.	.	.	.	74	200	50	43	94	34	680	496	37	51	19	16	143	.	.	8484	432	.	.	.
6	Potsdam	.	.	.	.	286	544	352	566	911	704	485	790	10	301	.	26	307	.	.	5892	410	.	.	.
7	Frankfurt a. O.	.	.	.	.	153	329	145	.	.	.	504	635	239	362	3	23	77	.	.	3915	137	.	.	.
8	Stettin	.	.	.	.	173	306	84	10	13	11	312	361	8	90	.	.	145	.	.	3479	534	.	.	.
9	Köslin	.	.	.	.	50	126	22	.	.	.	182	180	1	147	8	1	13	.	1	1766	84	.	3	.
10	Stralsund	.	.	.	.	75	76	87	17	28	26	143	195	91	141	.	.	18	.	1	818	96	.	.	.
11	Posen	.	.	.	.	49	98	45	2	3	2	236	211	1	44	.	21	296	.	.	7409	261	.	.	.
12	Bromberg	.	.	.	.	24	31	25	22	29	7	324	291	35	59	.	1	151	1	.	9713	540	.	.	.
13	Breslau	.	.	.	.	69	137	72	6	8	9	244	224	12	9	2	15	442	.	.	4202	52	.	.	.
14	Liegnitz	.	.	.	.	7	1	1	6	11	6	62	66	.	8	3	2	13	.	.	119	.	.	.	.
15	Oppeln	.	.	.	.	73	122	54	3	5	1	288	230	21	20	.	30	414	2	.	3377	64	.	.	.
16	Magdeburg	.	.	.	.	73	90	39	243	241	243	277	251	98	316	.	.	378	234	.	2764	387	.	.	.
17	Merseburg	.	.	.	.	121	240	109	4	8	2	347	427	127	16	6	7	594	.	.	6153	716	.	.	.
18	Erfurt	.	.	.	.	31	62	28	.	.	.	112	115	1	.	2	.	5	.	.	680	5	.	.	.
19	Schleswig	.	.	.	.	26	40	23	24	41	19	184	236	2	.	.	14	402	.	.	3296	166	.	.	1
20	Hannover	.	.	.	.	12	10	2	3	3	.	150	99	3	29	.	5	155	.	.	1109	57	.	.	.
21	Hildesheim	.	.	.	.	247	247	224	.	.	.	332	220	2	56	.	.	60	.	.	963	34	.	.	.
22	Lüneburg	.	.	.	.	116	163	77	.	.	.	300	202	1	378	.	18	245	.	.	2416	168	.	.	.
23	Stade	.	.	.	.	.	.	.	.	.	.	94	104	1	1	.	15	8	.	.	998	85	.	.	.
24	Osnabrück (m. Aurich)	.	.	.	.	.	.	.	.	.	.	37	11	1	7	.	3	9	.	.	124	20	.	.	.
25	Minden (mit Münster)	.	.	.	.	16	29	8	.	.	.	142	77	.	8	.	1	88	.	.	1936	340	.	.	.
26	Arnsberg	.	.	.	.	10	43	6	.	.	.	82	47	3	10	2	5	24	4	.	183	21	.	.	.
27	Cassel	.	.	.	.	151	134	52	.	1	.	1011	659	11	96	71	4	36	2	.	1950	74	.	.	.
28	Wiesbaden	.	.	.	.	32	44	16	4	1	2	289	226	1	3	1	.	18	11	.	858	26	.	.	.
29	Coblenz	.	.	.	.	16	45	34	.	.	.	137	55	.	23	.	1	13	29	.	503	19	.	.	.
30	Düsseldorf	.	.	.	.	27	25	12	.	.	.	73	9	.	4	.	.	71	.	.	402	47	.	.	.
31	Cöln	.	.	.	.	7	15	4	1	.	.	34	15	.	1	.	1	.	.	.	.	.	.	.	.
32	Trier	.	.	.	.	70	59	46	.	.	.	241	64	.	49	.	1	22	16	.	1602	22	.	.	.
33	Aachen	.	.	.	.	13	32	7	.	.	.	93	34	.	16	.	3	81	8	.	673	34	.	.	.
	Zusammen	23	27	.	2	2120	3475	1804	1003	1483	1134	9305	7945	991	2378	143	257	4307	468	9	91903	5543	22	3	1

und die Erträge aus der Jagd im Etatsjahre 1911.
(...geben das Fallwild an.)

\multicolumn{6}{c	}{Einnahmen.}	\multicolumn{6}{c	}{Ausgaben.}					
Für das durch Verwaltungsbeschuß erlegte Wild sind zur Forstkasse gezahlt		Durch Verpachtung sind aufgekommen		Zusammen		Für angepachtete Jagden sind verausgabt		Sonstige Jagdverwaltungskosten, soweit sie nicht vom Oberförster zu bestreiten sind		Zusammen		Reinertrag		Regierungsbezirk
M.	Pf.	M.	Pf.	M.	Pf.	M.	Pf.	M.	Pf.	M.	Pf.	M.	Pf.	
25.		26.		27.		28.		29.		30.		31.		
16 043	82	5 878	43	21 922	25	681	.	5 281	23	5 962	23	15 960	02	Königsberg.
24 433	81	704	95	25 138	76	5 042	30	12 932	71	17 975	01	7 163	75	Gumbinnen.
21 385	82	2 400	59	23 786	41	950	65	1 471	44	2 422	09	21 364	32	Allenstein.
8 123	45	4 007	75	12 131	20	209	10	487	86	696	96	11 434	24	Danzig.
33 014	33	3 476	05	36 490	38	2 234	84	2 713	77	4 948	61	31 541	77	Marienwerder.
73 850	01	11 213	78	85 063	79	4 314	85	3 852	59	8 167	44	76 896	35	Potsdam.
32 841	40	2 960	38	35 801	78	2 441	18	7 351	86	9 793	04	26 008	74	Frankfurt a. O.
25 912	95	4 248	73	30 161	68	630	74	226	90	857	64	29 304	04	Stettin.
10 683	65	1 259	68	11 943	33	283	45	36	43	319	88	11 623	45	Köslin.
11 812	06	700	50	12 512	56	35	.	186	68	221	68	12 290	88	Stralsund.
20 728	87	4 114	78	24 843	65	1 083	70	4 317	76	5 401	46	19 442	19	Posen.
19 956	61	1 371	93	21 328	54	146	.	22	.	168	.	21 160	54	Bromberg.
18 653	10	7 017	16	25 670	26	857	20	1 705	47	2 562	67	23 107	59	Breslau.
2 042	80	1 630	76	3 673	56	40	39	128	77	169	16	3 504	40	Liegnitz.
16 464	31	3 586	41	20 050	72	217	.	989	23	1 206	23	18 844	49	Oppeln.
27 415	58	7 400	58	34 816	16	1 479	24	5 012	80	6 492	04	28 324	12	Magdeburg.
29 810		7 076	27	36 886	27	1 512	06	776	74	2 288	80	34 597	47	Merseburg.
6 317	10	1 772	29	8 089	39	1 582	10	1 852	27	3 434	37	4 655	02	Erfurt.
12 053	79	9 230	88	21 284	67	.	.	54	.	54	.	21 230	67	Schleswig.
5 185	90	2 170	09	7 355	99	16	65	95	21	111	86	7 244	13	Hannover.
25 838	50	1 253	74	27 092	24	481	62	17 543	03	18 024	65	9 067	59	Hildesheim.
22 780	64	6 458	46	29 239	10	406	70	249	23	655	93	28 583	17	Lüneburg.
3 054	60	1 453	69	4 508	29	.	.	.	.	.	.	4 508	29	Stade.
705	70	686	10	1 391	80	.	.	31	75	31	75	1 360	05	Osnabrück (mit Aurich).
6 932	97	3 313	39	10 246	36	3 292	73	1 653	81	4 946	54	5 299	82	Minden (mit Münster).
3 254	70	5 027	18	8 281	88	79	15	184	71	263	86	8 018	02	Arnsberg.
29 751	40	14 318	46	44 069	86	2 982	.	5 828	44	8 810	44	35 259	42	Cassel.
9 042	20	11 631	57	20 673	77	1 492	88	159	35	1 652	23	19 021	54	Wiesbaden.
5 315	20	8 194	32	13 509	52	265	83	133	26	399	09	13 110	43	Coblenz.
3 140	80	9 879	50	13 020	30	272	70	.	.	272	70	12 747	60	Düsseldorf.
1 234	20	19 401	63	20 635	83	205	65	.	.	205	65	20 430	18	Cöln.
10 008		6 069	47	16 077	47	479	41	2 858	64	3 338	05	12 739	42	Trier.
3 837	18	7 716	19	11 553	37	1 165	74	6 874	78	8 040	52	3 512	85	Aachen.
541 645	45	177 605	69	719 251	14	34 881	86	85 012	72	119 894	58	599 356	56	Zusammen

Tafel
Nachweisung des Holzertrages der Staatsforsten im

Lfd. Nr.	Regierungsbezirk	Holzboden	Derbholz				Nicht-Derbholz				Fällungsergebnis im ganzen und Nutzholz- Gesamte	
			Bau- und Nutzholz	Brennholz	Summe (Sp. 4 + 5)	für 1 ha Holz- boden	Nutz- holz	Reisig Brennholz	Summe (Sp. 8 + 9)	Stock- holz	Bau- und Nutzholz (Sp. 4 + 8)	Brennholz (Sp. 5 + 9 + 11)
		ha	Festmeter				Festmeter				Fest...	
1.	2.	3.	4.	5.	6.	7.	8.	9.	10.	11.	12.	13.
1	Königsberg	100 753	412 824	254 797	667 621	6,63	950	47 030	47 980	8 098	413 774	309 925
2	Gumbinnen	125 792	372 109	295 372	667 481	5,31	2 047	69 665	71 712	5 172	374 156	370 209
3	Allenstein	188 779	622 620	206 244	828 864	4,39	658	80 132	80 790	6 671	623 278	293 047
4	Danzig	124 447	233 602	124 296	357 898	2,88	2 256	65 023	67 279	5 757	235 858	195 076
5	Marienwerder	248 329	616 589	260 325	876 914	3,53	3 373	163 101	166 474	18 229	619 962	441 655
6	Potsdam	204 275	533 963	310 195	844 158	4,13	736	78 434	79 170	26 252	534 699	414 881
7	Frankfurt a. O.	191 285	583 256	197 335	780 591	4,08	568	71 124	71 692	14 986	583 824	283 445
8	Stettin	107 009	294 131	205 953	500 084	4,67	1 440	39 421	40 861	6 738	295 571	252 112
9	Köslin	77 280	86 398	109 433	195 831	2,53	131	46 720	46 851	689	86 529	156 842
10	Stralsund	25 631	54 877	40 109	94 986	3,71	318	21 357	21 675	357	55 195	61 823
11	Posen	97 332	233 434	72 005	305 439	3,14	2 245	66 043	68 288	15 884	235 679	153 932
12	Bromberg	131 195	293 670	119 445	413 115	3,15	1 315	91 836	93 151	13 300	294 985	224 581
13	Breslau	58 499	297 920	114 524	412 444	7,05	9 325	22 594	31 919	9 325	307 245	146 443
14	Liegnitz	22 239	79 979	19 340	99 319	4,47	1 129	7 417	8 546	2 779	81 108	29 536
15	Oppeln	73 227	310 583	74 687	385 270	5,26	2 923	14 467	17 390	6 734	313 506	95 888
16	Magdeburg	63 235	107 503	66 832	174 335	2,76	505	57 673	58 178	5 526	108 008	130 031
17	Merseburg	71 803	205 237	106 654	311 891	4,34	1 015	44 869	45 884	5 606	206 252	157 129
18	Erfurt	37 611	171 641	73 862	245 503	6,53	2 395	29 968	32 363	2 711	174 036	106 541
19	Schleswig	37 292	85 619	75 868	161 487	4,33	766	38 088	38 854	198	86 385	114 154
20	Hannover	27 387	80 978	38 432	119 410	4,36	748	22 704	23 452	411	81 726	61 547
21	Hildesheim	99 885	337 003	202 487	539 490	5,40	4 373	67 061	71 434	9 244	341 376	278 792
22	Lüneburg	75 400	144 743	55 214	199 957	2,65	4 769	48 003	52 772	1 397	149 512	104 614
23	Stade	17 375	39 772	15 734	55 506	3,19	1 218	14 192	15 410	5	40 990	29 931
24	Osnabrück (mit Aurich)	13 692	28 643	8 825	37 468	2,74	148	10 921	11 069	.	28 791	19 746
25	Minden (mit Münster)	34 686	122 920	88 784	211 704	6,10	3 064	39 291	42 355	449	125 984	128 524
26	Arnsberg	24 068	66 234	44 238	110 472	4,59	2 892	10 515	13 407	.	69 126	54 753
27	Cassel	201 087	363 719	378 083	741 802	3,69	8 042	251 021	259 063	6 097	371 761	635 201
28	Wiesbaden	51 847	75 640	136 854	212 494	4,10	1 835	65 882	67 717	437	77 475	203 173
29	Coblenz	29 849	64 587	54 410	118 997	3,99	2 184	31 699	33 883	130	66 771	86 239
30	Düsseldorf	16 612	50 598	9 945	60 543	3,64	2 158	20 501	22 659	567	52 756	31 013
31	Cöln	13 736	33 323	8 844	42 167	3,07	432	10 854	11 286	.	33 755	19 698
32	Trier	64 191	176 644	125 814	302 458	4,71	3 775	39 891	43 666	176	180 419	165 881
33	Aachen	33 912	107 356	32 424	139 780	4,12	3 436	19 642	23 078	.	110 792	52 066
	Zusammen	2 689 740	7 288 115	3 927 364	11 215 479	4,17	73 169	1 707 139	1 780 308	173 925	7 361 284	5 808 428

37 c.

Forstwirtschaftsjahr 1. Oktober 1910/1911 (Etatsjahr 1911).

ausbeute v. H.				Ausscheidung des Nutzderbholzes nach den Hauptholzarten								
Holzmasse		Nutzholz		Laubholz						Nadelholz		
							hierunter					
						Eichen		Rotbuchen				
Summe (Sp. 12 + 13)	für 1 ha Holzboden	v. H. der Derbholzmasse 4:6	v. H. der gesamten Holzmasse 12:14	Gesamtanfall an Laubderbholz	hierunter Nutzholz			Anfall an Derbholz	hierunter Nutzholz		Gesamtanfall an Nadel Derbholz	hierunter Nutzholz
						Anfall an Derbholz	hierunter Nutzholz					
					im ganzen		im ganzen		im ganzen		im ganzen	
meter				Festmeter		v. H.		Festmeter		v. H.	Festmeter	v. H.
14.	15.	16.	17.	18.	19.	20.	21.	22.	23.	24.	25.	26.	27.	28.	29.
723 699	7,18	62	57	138 549	18 910	14	12 208	9 189	75	7 733	2 330	30	529 072	393 914	74
744 365	5,92	56	50	110 940	13 389	12	4 551	3 394	75	.	.	.	556 541	358 720	64
916 325	4,85	75	68	65 035	20 278	31	13 360	8 108	61	3 225	1 346	42	763 829	602 342	79
430 934	3,46	65	55	85 583	26 941	31	21 519	13 420	62	45 973	10 025	22	272 315	206 661	76
1 061 617	4,28	70	58	49 137	14 783	30	16 132	8 199	51	7 337	1 101	15	827 777	601 806	73
949 580	4,65	63	56	101 011	26 983	27	17 406	6 980	40	51 419	12 252	24	743 147	506 980	68
867 269	4,53	75	67	78 372	29 621	38	21 445	11 514	54	34 838	10 568	30	702 219	553 635	79
547 683	5,12	59	54	125 770	36 083	29	25 859	11 829	46	77 311	17 099	22	374 314	258 048	69
243 371	3,15	44	36	75 010	16 159	22	12 521	5 270	42	41 088	7 467	18	120 821	70 239	58
117 018	4,57	58	47	42 741	14 814	35	14 607	6 274	43	20 855	6 524	31	52 245	40 063	77
389 611	4,00	76	60	29 240	13 254	45	10 410	7 325	70	4 762	1 318	28	276 199	220 180	80
519 566	3,96	71	57	18 836	8 712	46	9 481	5 716	60	550	89	16	394 279	284 958	72
453 688	7,76	72	68	64 245	29 605	46	31 617	16 833	53	10 371	4 529	44	348 199	268 315	77
110 644	4,98	81	73	6 688	3 114	47	3 611	1 813	50	2 358	936	40	92 631	76 865	83
409 394	5,59	81	77	23 130	11 039	48	11 391	6 878	60	2 273	952	42	362 140	299 544	83
238 039	3,76	62	45	76 751	31 963	42	40 801	19 249	47	21 089	7 077	34	97 584	75 540	77
363 381	5,06	66	57	71 763	32 189	45	30 967	15 712	51	27 122	11 069	41	240 128	173 048	72
280 577	7,16	70	62	68 582	23 738	35	6 144	3 830	62	53 525	17 813	33	176 921	147 903	84
200 539	5,38	53	43	108 721	42 547	39	24 426	16 208	66	70 145	21 237	30	52 766	43 072	82
143 273	5,23	68	57	61 703	29 257	47	10 656	6 599	62	48 428	21 878	45	57 707	51 721	90
620 168	6,21	62	55	220 465	64 702	29	22 985	12 088	53	194 559	51 534	26	319 025	272 301	85
254 126	3,37	72	59	59 639	27 098	45	19 564	11 220	57	15 897	4 657	29	140 318	117 645	84
70 921	4,08	72	58	14 921	8 006	54	6 934	5 598	81	7 375	2 359	32	40 585	31 766	78
48 537	3,54	76	59	9 271	4 923	53	4 001	3 193	80	4 448	1 599	36	28 197	23 720	84
254 508	7,34	58	50	151 365	66 161	44	19 549	14 352	73	127 338	49 887	39	60 339	56 759	94
123 879	5,15	60	56	74 045	30 425	41	11 121	8 807	79	61 979	21 327	34	36 427	35 809	98
1 006 962	5,01	49	37	424 778	98 149	23	73 888	24 414	33	307 441	57 670	19	317 024	265 570	84
280 648	5,11	36	28	161 241	32 924	20	24 814	12 367	50	133 739	20 093	15	51 253	42 716	83
153 010	5,13	54	44	66 708	16 295	24	19 253	10 549	55	44 850	4 936	11	52 289	48 292	92
83 769	5,04	84	63	23 881	15 604	65	13 079	9 645	74	8 520	4 494	53	36 662	34 994	94
53 453	3,89	79	63	25 585	17 205	67	11 875	9 580	81	11 870	6 356	54	16 582	16 118	97
346 300	5,39	58	52	207 894	86 090	41	52 713	35 703	68	151 132	49 208	33	94 564	90 554	96
162 858	4,80	77	68	53 944	23 773	44	16 830	11 040	66	33 606	11 453	34	85 836	83 583	97
13 169 712	4,90	65	56	2 895 544	934 734	32	635 718	352 896	56	1 633 156	441 183	27	8 319 935	6 353 381	76

Tafel 38b.

Übersicht des Holzertrages und des Sortenverhältnisses in den Staatsforsten für die Etatsjahre 1907—1911
(Forstwirtschaftsjahre 1. 10. 1906/11).

Rechnungsmäßiger Ist-Einschlag.

Forstwirtschafts-jahr	Bau- und Nutzholz			Brennholz				Summe Bau-, Nutz- und Brennholz (Spalte 4 + 8)	Darunter sind enthalten		Zur Holzzucht bestimmte Fläche
	Derbholz einschl. Nutzrinde	Reisig	Zusammen (Spalte 2 + 3)	Derbholz	Stockholz	Reisig	Zusammen (Spalte 5 + 6 + 7)		Derbholz einschl. Nutzholz (Spalte 2 + 5)	Reisig (Spalte 3 + 7)	
	Festmeter										Hektar
1.	2.	3.	4.	5.	6.	7.	8.	9.	10.	11.	12.
1. Oktober 1906/1907	5 992 742	66 597	6 059 339	3 473 839	200 163	1 529 903	5 203 905	11 263 244	9 466 581	1 596 500	2 618 745
1. " 1907/1908	6 186 518	77 519	6 264 037	3 704 812	218 544	1 790 243	5 713 599	11 977 636	9 891 330	1 867 762	2 640 782
1. " 1908/1909	6 791 895	77 064	6 868 959	4 067 251	202 514	1 898 051	6 167 816	13 036 775	10 859 146	1 975 115	2 659 812
1. " 1909/1910	9 173 132	70 163	9 243 295	4 489 183	201 910	1 780 150	6 471 243	15 714 538	13 662 315	1 850 313	2 677 197
1. " 1910/1911	7 288 115	73 169	7 361 284	3 927 364	173 925	1 707 139	5 808 428	13 169 712	11 215 479	1 780 308	2 689 740

Fortsetzung der Tafel 38 b.

Die Nutzung hat für 1 ha der Holzbodenfläche betragen

Bau- und Nutzholz			Brennholz				Summe Bau-, Nutz- und Brennholz (Spalte 15 + 19)	Derb-, Nutz- und Brennholz (Spalte 13 + 16)	Reisig, Nutz- und Brennholz (Spalte 14 + 18)
Derbholz einschl. Nutzrinde	Reisig	Zusammen (Spalte 13 + 14)	Derbholz	Stockholz	Reisig	Zusammen (Spalte 16 + 17 + 18)			
Festmeter									
13.	14.	15.	16.	17.	18.	19.	20.	21.	22.
2,28	0,03	2,31	1,33	0,08	0,58	1,99	4,30	3,61	0,61
2,34	0,03	2,37	1,41	0,08	0,68	2,17	4,54	3,75	0,71
2,55	0,03	2,58	1,53	0,08	0,71	2,32	4,90	4,08	0,74
3,42	0,03	3,45	1,68	0,08	0,66	2,42	5,87	5,10	0,69
2,71	0,03	2,74	1,46	0,06	0,63	2,15	4,89	4,17	0,66

Von dem Derbholz-Einschlage entfallen:

	auf das kontrollfähige Holz						auf das nicht kontrollfähige Holz des Mittel- und Niederwaldes	Zusammen (Spalte 23 + 28 + 25 + 28)	Forstwirtschafts-jahr
vom Hoch- und Niederwalde		vom Mittelwalde							
Hauptnutzung	v. H. des gesamten kontrollfähigen Holzes	Vornutzung	v. H. des gesamten kontrollfähigen Holzes	Hauptnutzung	v. H. der Hauptnutzung	Vornutzung	v. H. des gesamten kontrollfähigen Holzes		
Festmeter		Festmeter		Festmeter		Festmeter		Festmeter	
23.	24.	25.	26.	27.	28.	29.	30.	31.	32.
5 781 752	61,2	3 638 340	38,5	62,9	28 196	0,3	9 448 288	18 293	1. Oktober 1906/1907
5 934 516	60,0	3 909 103	39,5	65,0	28 133	0,3	9 871 752	19 578	1. " 1907/1908
6 511 323	60,1	4 297 548	39,6	66,0	32 958	0,3	10 841 829	17 317	1. " 1908/1909
9 533 593	69,8	4 106 922	30,1	43,1	11 804	0,1	13 652 319	9 996	1. " 1909/1910
6 761 718	60,3	4 442 691	39,7	65,7	190	.	11 204 599	10 880	1. " 1910/1911

Tafel 42.

Zusammenstellung der in den Etatsjahren 1908—1911 in den preußischen Staatsforsten verwerteten Eichenrinde.

Lfd. Nr.	Provinz	Etatsjahr 1908 (Wirtschaftsjahr 1. Oktober 1907/08) Spiegelrinde	Etatsjahr 1909 (Wirtschaftsjahr 1. Oktober 1908/09) Spiegelrinde	Etatsjahr 1910 (Wirtschaftsjahr 1. Oktober 1909/10) Spiegelrinde	Etatsjahr 1911 (Wirtschaftsjahr 1. Oktober 1910/11) Spiegelrinde
		Doppel-Zentner (100 kg)			
1.	2.	3.	4.	5.	6.
1	Ostpreußen	.	.	.	.
2	Westpreußen	.	.	.	.
3	Brandenburg	.	.	.	.
4	Pommern	.	.	.	.
5	Posen	.	.	.	.
6	Schlesien	.	.	.	.
7	Sachsen	132	125	77	136
8	Schleswig-Holstein	.	.	.	.
9	Hannover	6	.	.	.
10	Westfalen	.	.	.	.
11	Hessen-Nassau	3 325	3 369	2 691	2 226
12	Rheinprovinz	405	375	184	307
	Zusammen 1—7, 10 und 12 (alte Provinzen)	537	500	261	443
	Zusammen 8, 9 und 11 (neue Provinzen)	3 331	3 369	2 691	2 226
	Gesamtbetrag	3 868	3 869	2 952	2 669

Tafel 45a.

Übersicht des Ertrages aus der Holznutzung in den einzelnen Regierungsbezirken für das Hektar der zur Holzzucht bestimmten Fläche in den Etatsjahren 1908 bis 1911.

Laufende Nummer	Regierungsbezirk	Ertrag aus dem Holze für das Hektar der zur Holzzucht bestimmten Fläche (einschl. der dem Staate anteilig gehörenden Waldungen)				Reihenfolge der Bezirke nach dem Ertrage aus dem Holze für das Hektar des Holzbodens im Etatsjahre 1911		
		Etatsjahr 1908	Etatsjahr 1909	Etatsjahr 1910	Etatsjahr 1911	Lfd. Nr.		Mark
		Mark						
1.	2.	3.	4.	5.	6.	7.	8.	9.
1	Königsberg	38,22	48,17	28,43	139,11	1	Köslin	27,66
2	Gumbinnen	29,14	33,17	25,77	84,05	2	Danzig	33,27
3	Allenstein	49,60	46,38	48,91	58,17	3	Lüneburg	34,50
4	Danzig	27,52	27,60	27,68	33,27	4	Osnabrück	36,19
5	Marienwerder	34,63	35,17	38,71	44,18	5	Cöln	36,37
6	Potsdam	46,40	51,10	51,05	55,49	6	Cassel	36,61
7	Frankfurt a. O.	46,88	52,35	53,12	55,45	7	Bromberg	36,80
8	Stettin	50,54	52,15	54,51	59,04	8	Magdeburg	38,88
9	Köslin	30,25	27,04	25,13	27,66	9	Posen	39,40
10	Stralsund	42,83	39,46	39,07	40,43	10	Stade	40,29
11	Posen	33,52	37,53	34,01	39,40	11	Stralsund	40,43
12	Bromberg	31,17	34,11	33,98	36,80	12	Wiesbaden	41,98
13	Breslau	80,52	82,81	88,16	85,94	13	Coblenz	42,50
14	Liegnitz	57,53	54,03	65,34	63,88	14	Marienwerder	44,18
15	Oppeln	94,46	80,37	62,30	65,51	15	Schleswig	45,20
16	Magdeburg	40,08	34,11	35,25	38,88	16	Trier	45,29
17	Merseburg	66,63	60,28	61,14	64,13	17	Aachen	48,13
18	Erfurt	90,14	87,99	89,97	102,90	18	Arnsberg	48,28
19	Schleswig	46,13	45,80	43,10	45,20	19	Düsseldorf	52,18
20	Hannover	54,54	52,19	50,91	58,56	20	Frankfurt a. O.	55,45
21	Hildesheim	62,01	64,60	62,47	69,13	21	Potsdam	55,49
22	Lüneburg	27,16	34,52	29,61	34,50	22	Allenstein	58,17
23	Stade	36,13	37,13	36,76	40,29	23	Hannover	58,56
24	Osnabrück (mit Aurich)	35,37	35,35	35,33	36,19	24	Stettin	59,04
25	Minden (mit Münster)	60,18	64,50	62,91	64,91	25	Liegnitz	63,88
26	Arnsberg	50,90	49,18	55,63	48,28	26	Merseburg	64,13
27	Cassel	35,18	34,72	32,75	36,61	27	Minden	64,91
28	Wiesbaden	43,12	39,90	39,50	41,98	28	Oppeln	65,51
29	Coblenz	40,55	42,97	38,91	42,50	29	Hildesheim	69,13
30	Düsseldorf	57,15	51,18	46,51	52,18	30	Gumbinnen	84,05
31	Cöln	44,61	38,55	37,71	36,37	31	Breslau	85,94
32	Trier	51,76	49,89	51,28	45,29	32	Erfurt	102,90
33	Aachen	39,18	35,79	40,18	48,13	33	Königsberg	139,11
	Staat	44,66	45,12	44,13	54,72			

Tafel 46 b.

Hauptübersicht der Ist-Einnahmen und -Ausgaben der Staatsforstverwaltung im Etatsjahre 1911.

Die zur Verstärkung des Kulturfonds aus dem Ankaufsfonds entnommenen Beträge sind bei dem Kulturfonds nachgewiesen.

———

Tafel

Laufende Nummer	Regierungsbezirk usw.	Geld-							
		Holz	Nebennutzungen	Jagd	Torfgräbereien	Rückzahlungen auf die an Forstbeamte zur wirtschaftlichen Einrichtung gewährten Vorschüsse	Forstliche Lehranstalten	Verschiedene andere Einnahmen	Erlös aus dem Verkauf von Forstgrundstücken (Außerordentliche Einnahmen)
		M. Pf.	M. Pf.	M. Pf.	M. Pf.	M. Pf.	M. Pf.	M. Pf.	M. Pf.
1.	2.	3.	4.	5.	6.	7.	8.	9.	10.
1	Königsberg	14 049 039 09	391 476 04	21 922 25	32 487 51	. .	. .	48 895 71	658 .
2	Gumbinnen	10 572 695 53	575 198 65	25 138 76	21 271 40	. .	. .	14 173 11	. .
3	Allenstein	10 980 416 22	453 666 34	23 786 41	3 554 90	. .	. .	30 699 73	19 664 58
4	Danzig	4 140 080 27	198 242 84	12 131 20	3 596 80	. .	. .	8 902 63	9 453 30
5	Marienwerder	11 046 568 53	474 888 .	36 490 38	2 068 .	. .	. .	95 915 61	90 825 .
6	Potsdam	11 334 571 98	587 739 48	85 063 79	. .	. .	10 769 18	1 351 695 24	6 882 484 01
7	Frankfurt a. O.	10 606 103 87	351 119 16	35 801 78	1 645 81	. .	17 604 22	52 725 61	126 935 40
8	Stettin	6 317 610 04	286 150 29	30 161 68	13 879 23	. .	. .	26 505 18	70 172 35
9	Köslin	2 137 631 21	105 251 52	11 943 33	1 801 60	. .	. .	5 580 42	22 729 50
10	Stralsund	1 036 291 88	73 873 08	12 512 56	. .	. .	. .	12 086 15	. .
11	Posen	3 834 969 69	220 085 66	24 843 65	3 50	. .	. .	25 113 32	72 713 12
12	Bromberg	4 828 574 46	253 255 44	21 328 54	1 435 50	. .	22 182 10	11 337 26	25 822 51
13	Breslau	5 027 250 89	212 822 59	25 670 26	431 30	. .	. .	7 995 99	. .
14	Liegnitz	1 420 645 68	41 921 30	3 673 56	742 80	. .	. .	1 390 73	129 40
15	Oppeln	4 797 327 11	127 397 88	20 050 72	. .	. .	. .	11 975 08	. .
16	Magdeburg	2 458 407 82	285 765 30	34 816 16	. .	. .	. .	9 356 61	488 698 40
17	Merseburg	4 604 820 47	420 523 82	36 886 27	6 757 70	. .	. .	47 184 70	10 50
18	Erfurt	3 870 281 61	54 385 16	8 089 39	. .	. .	. .	2 132 13	12 838 35
19	Schleswig	1 685 688 28	67 826 83	21 284 67	28 500 74	. .	. .	9 241 55	357 165 04
20	Hannover	1 603 675 32	47 307 77	7 355 99	4 605 80	. .	. .	223 120 51	. .
21	Hildesheim	6 904 690 71	285 646 54	27 092 24	. .	. .	13 424 75	30 532 86	125 717 70
22	Lüneburg	2 601 235 57	162 050 60	29 239 10	8 057 68	. .	. .	10 777 88	14 269 84
23	Stade	700 019 06	26 501 87	4 508 29	2 608 .	. .	. .	2 936 37	32 455 50
24	Osnabrück (mit Aurich)	495 524 01	38 286 58	1 391 80	4 352 96	. .	. .	4 598 49	. .
25	Minden (mit Münster)	2 251 472 87	42 699 79	10 246 36	1 581 30	. .	. .	5 039 76	1 628 25
26	Arnsberg	1 161 883 02	21 037 20	8 281 88	. .	. .	. .	44 509 90	19 772 13
27	Cassel	7 361 064 49	297 434 19	44 069 86	35 20	. .	21 824 .	154 900 23	82 076 64
28	Wiesbaden	2 176 335 89	127 363 83	20 673 77	. .	. .	26 322 70	94 787 99	121 956 80
29	Coblenz	1 268 612 08	26 768 44	13 509 52	. .	. .	. .	30 938 14	. .
30	Düsseldorf	866 768 06	225 144 34	13 020 30	. .	. .	. .	56 221 06	426 095 .
31	Cöln	499 633 54	80 030 57	20 635 83	. .	. .	. .	45 592 38	. .
32	Trier	2 907 062 67	162 121 77	16 077 47	37 .	. .	. .	17 071 05	13 400 .
33	Aachen	1 632 147 59	19 899 63	11 553 37	. .	. .	. .	9 286 39	57 044 05
34	Sigmaringen	. .	40 .	. .	. .	. .	. .	13 032 99	. .
35	Generalstaatskasse	. .	. .	. .	. .	48 834 50	. .	4 365 17	. .
36	Ministerial-, Militär- u. Baukommission	. .	32 317 90	. .	. .	. .	. .	108 793 45	448 056 .
	Zusammen	147 179 099 51	6 776 240 40	719 251 14	139 454 73	48 834 50	112 126 95	2 629 411 38	9 522 771 37

46 b.

ertrag	Dauernde Ausgaben											Regierungsbezirk usw.
	Verwaltung und Betrieb											
	Besoldungen											
Rohertrag zusammen (Spalten 3—10)	Oberforstmeister (einschl. Dirigentenzulagen) und Regierungs- und Forsträte		Oberförster und verwaltende Revierförster		Vollbeschäftigte Forstkassenrendanten		Revierförster (einschl. Revierförsterzulagen), Förster m. und o. R. und Waldwärter		Torf-, Wiesen- usw. Meister und -Wärter		Wohnungsgeldzuschüsse	
M. | Pf.	Stellenzahl	M. | Pf.	Stellenzahl¹)	M. | Pf.	Stellenzahl	M. | Pf.	Stellenzahl²)	M. | Pf.	M. | Pf.	M. | Pf.	
11.	12.	13.	14.	15.	16.	17.	18.	19.	20.		21.	
14 544 478 | 60	4	25 200 | .	24	120 525 | .	6	18 425 | .	143	378 733 | 33	5 580 | .	6 627 | 50	Königsberg.
11 208 477 | 45	5	27 150 | .	28	138 200 | .	7	20 175 | .	157	456 031 | 63	3 253 | 29	7 950 | .	Gumbinnen.
11 511 788 | 18	5	35 250 | .	35	161 000 | .	11	35 491 | 67	205	477 208 | 26	. | .	10 477 | 50	Allenstein.
4 372 407 | 04	4	23 100 | .	23	115 850 | .	2	6 100 | .	147	357 787 | 46	. | .	4 010 | .	Danzig.
11 746 755 | 52	8	44 550 | .	50	235 147 | 50	13	41 775 | .	292	729 081 | 18	1 400 | .	12 444 | 75	Marienwerder.
20 252 323 | 68	6	37 000 | .	45	318 545 | 01	9	36 975 | .	242	688 696 | 84	1 840 | .	16 379 | 67	Potsdam.
11 191 935 | 85	6	47 400 | .	40	251 125 | .	11	35 933 | 33	229	619 982 | 64	. | .	10 372 | 50	Frankfurt a. O.
6 744 478 | 77	4	31 800 | .	26	163 425 | .	8	30 575 | .	134	369 404 | 14	4 320 | .	8 412 | 50	Stettin.
2 284 937 | 58	3	19 500 | .	15	83 925 | .	2	4 900 | .	93	243 720 | 82	1 300 | .	2 919 | .	Köslin.
1 134 763 | 67	1	8 400 | .	6	39 000 | .	2	8 100 | .	50	139 287 | 50	. | .	1 460 | .	Stralsund.
4 177 728 | 94	4	25 500 | .	18	100 500 | .	2	6 600 | .	116	289 541 | 65	. | .	5 260 | .	Posen.
5 163 935 | 81	4	28 650 | .	25	136 200 | .	4	16 000 | .	136	359 116 | 65	. | .	5 760 | .	Bromberg.
5 274 171 | 03	3	24 000 | .	16	97 125 | .	4	15 900 | .	108	304 914 | 15	. | .	5 660 | .	Breslau.
1 468 503 | 47	1	7 800 | .	5	44 400 | .	.	. | .	41	123 916 | 65	. | .	3 766 | 67	Liegnitz.
4 956 750 | 79	3	10 400 | .	18	104 100 | .	6	19 300 | .	105	310 470 | 82	3 100 | .	3 743 | 33	Oppeln.
3 277 044 | 29	3	17 400 | .	19	126 000 | .	6	18 675 | .	101	301 263 | 45	. | .	6 075 | .	Magdeburg.
5 116 183 | 46	4	25 400 | .	22	134 600 | .	4	15 725 | .	124	371 833 | 32	. | .	5 207 | 50	Merseburg.
3 947 726 | 64	3	22 650 | .	14	76 075 | .	1	4 275 | .	77	194 520 | 83	. | .	4 290 | .	Erfurt.
2 169 707 | 11	3	18 000 | .	15	85 025 | .	.	. | .	60	175 299 | 99	. | .	3 470 | .	Schleswig.
1 886 065 | 39	4	31 800 | .	28	166 025 | .	1	2 900 | .	99	259 979 | 16	. | .	5 195 | .	Hannover.
7 387 104 | 80	7	50 700 | .	42	240 675 | .	5	21 300 | .	185	519 116 | 65	. | .	8 810 | .	Hildesheim.
2 825 630 | 67	4	27 600 | .	23	119 100 | .	.	. | .	106	288 691 | 80	. | .	3 330 | .	Lüneburg.
769 029 | 09	1	8 400 | .	7	39 825 | .	.	. | .	29	76 475 | .	. | .	1 590 | .	Stade.
544 153 | 84	1	8 400 | .	5	26 175 | .	.	. | .	25	60 389 | 15	. | .	1 080 | .	Osnabrück (m. Aurich).
2 312 668 | 33	3	19 650 | .	12	67 275 | .	1	2 100 | .	73	197 443 | 47	. | .	3 129 | 50	Minden (m. Münster).
1 255 484 | 13	3	21 150 | .	9	50 775 | .	1	3 750 | .	43	108 337 | 50	. | .	3 430 | 83	Arnsberg.
7 961 404 | 61	12	73 650 | .	88	471 725 | .	3	9 400 | .	406	1 092 464 | 95	. | .	12 972 | 50	Cassel.
2 567 440 | 98	7	43 950 | .	56	292 950 | .	4	13 600 | .	106	286 258 | 32	. | .	11 088 | 33	Wiesbaden.
1 339 828 | 18	4	29 850 | .	12	64 950 | .	.	. | .	79	216 500 | .	. | .	4 100 | .	Coblenz.
1 587 248 | 76	1	7 800 | .	5	36 075 | .	1	3 900 | .	41	102 470 | 83	. | .	2 775 | .	Düsseldorf.
645 892 | 32	1	8 400 | .	4	39 132 | 88	.	. | .	26	70 308 | 33	. | .	4 547 | 17	Cöln.
3 115 769 | 96	5	35 550 | .	18	98 700 | .	2	5 700 | .	117	332 508 | 32	. | .	6 140 | .	Trier.
1 729 931 | 03	3	22 200 | .	10	54 450 | .	.	. | .	57	140 641 | 67	. | .	2 910 | .	Aachen.
13 072 | 99	.	. | .	4	17 775 | .	.	. | .	.	. | .	. | .	180 | .	Sigmaringen.
53 199 | 67	.	. | .	.	. | .	.	. | .	5	. | .	. | .	. | .	Generalstaatskasse.
589 167 | 35	.	. | .	.	. | .	.	. | .	.	. | .	. | .	. | .	Ministerial-, Militär- u. Baukommission.
167 127 189 | 98	130	868 250 | .	767	4 316 375 | 39	116	397 575 | .	3957	10 642 396 | 46	20 793 | 29	195 555 | 25	Zusammen

¹) Ausschl. der Oberförster o. R. — ²) Ausschl. der Förster o. R.

Zu Tafel

Laufende Nummer	Regierungsbezirk usw.	Andere persönliche Ausgaben					Dauernde Verwaltung	Stellenzulagen,	
		Vergütungen für Hilfsarbeiter im Forstverwaltungsdienste bei den Regierungen und bei den Oberförstern sowie bei Betriebsregelungen	Vergütung für die Gelderhebung und Auszahlung an nicht voll- oder nur nebenamtlich beschäftigte Forstkassenrendanten und an Untererheber	Vergütungen für Forsthilfsaufseher einschl. für Stellvertretung, Vergütungen für nebenamtliche Waldwärter usw.	Außerordentliche Remunerationen und Unterstützungen	Vorschüsse an Forstbeamte zur wirtschaftlichen Einrichtung bei Übernahme oder anderweiter Ausstattung einer Stelle	Betrag aller Besoldungen und Vergütungen (Spalten 13, 15, 17 und 19—26)	Dienstaufwandsentschädigungen für Oberforstmeister, Regierungs- und Forsträte und Oberförster, sowie Stellenzulagen für Oberförster	Dienstaufwandsentschädigungen für vollbeschäftigte Forstkassenrendanten
		M. Pf.	M. Pf.	M. Pf.	M. Pf.	M. Pf.	M. Pf.	M. Pf.	M. Pf.
		22.	23.	24.	25.	26.	27.	28.	29.
1	Königsberg	8 675 .	16 182 05	73 440 34	6 700 .	. .	660 088 22	60 100 41	7 500 .
2	Gumbinnen	9 732 58	11 477 46	80 917 09	7 650 .	. .	762 537 05	71 975 67	10 800 .
3	Allenstein	18 695 54	4 953 90	116 164 16	10 920 .	. .	870 161 03	87 548 .	17 250 .
4	Danzig	18 550 26	17 590 28	88 043 15	5 400 .	. .	636 431 15	63 769 19	2 775 .
5	Marienwerder	25 939 70	7 311 97	123 982 98	11 100 .	. .	1 232 733 08	121 033 .	20 650 .
6	Potsdam	15 029 65	16 503 50	97 861 24	11 005 .	. .	1 239 835 91	123 115 88	15 750 .
7	Frankfurt a. O.	19 270 34	12 222 03	59 501 82	9 230 .	. .	1 065 037 66	108 060 .	15 750 .
8	Stettin	7 746 98	9 017 24	58 898 01	5 160 .	. .	688 758 87	63 749 20	10 000 .
9	Köslin	8 421 77	7 658 39	24 729 42	3 100 .	. .	400 165 40	35 641 32	2 500 .
10	Stralsund	6 925 .	5 598 45	5 185 .	1 340 .	. .	215 295 95	13 042 .	2 200 .
11	Posen	4 633 24	16 355 17	53 903 .	5 950 .	. .	508 243 06	54 830 91	2 900 .
12	Bromberg	7 811 67	10 558 04	41 767 02	4 070 .	. .	609 933 38	57 216 76	7 000 .
13	Breslau	3 770 97	6 900 .	22 604 49	3 870 .	. .	484 744 61	38 409 67	6 300 .
14	Liegnitz	450 .	8 430 .	4 244 79	1 775 .	. .	194 783 11	12 105 65	. .
15	Oppeln	12 002 97	3 350 .	38 408 84	3 689 .	. .	508 564 96	38 348 42	7 200 .
16	Magdeburg	1 455 .	10 076 50	20 351 36	3 700 .	. .	504 996 31	41 206 .	5 441 66
17	Merseburg	6 547 67	18 200 44	16 049 87	4 000 .	. .	597 563 80	50 647 34	6 280 .
18	Erfurt	959 10	10 890 .	26 588 27	2 600 .	. .	342 848 20	34 328 13	1 600 .
19	Schleswig	9 417 70	11 395 83	22 710 89	3 400 .	. .	328 719 41	39 306 .	. .
20	Hannover	2 605 65	8 676 76	40 502 97	3 800 .	. .	521 484 54	69 244 74	1 600 .
21	Hildesheim	13 176 28	13 394 90	34 439 76	6 000 .	. .	907 612 59	104 272 .	9 000 .
22	Lüneburg	3 650 .	15 477 18	19 932 05	3 400 .	. .	481 181 03	56 968 98	. .
23	Stade	825 .	3 320 .	13 216 22	1 100 .	. .	144 751 22	19 639 40	. .
24	Osnabrück (mit Aurich)	2 475 .	2 826 .	11 697 04	830 .	. .	113 872 19	10 848 18	. .
25	Minden (mit Münster)	17 207 .	9 126 .	24 729 54	3 297 75	. .	343 958 26	32 444 38	1 400 .
26	Arnsberg	4 565 .	4 922 .	11 043 28	2 070 .	. .	210 043 61	27 480 .	1 400 .
27	Cassel	40 458 59	30 048 39	91 623 56	14 000 .	. .	1 836 342 99	219 681 87	5 500 .
28	Wiesbaden	11 962 10	16 966 37	53 328 19	5 900 .	. .	736 003 31	145 693 87	5 950 .
29	Coblenz	8 686 .	13 215 .	17 645 50	2 500 .	. .	357 446 50	37 644 .	. .
30	Düsseldorf	3 250 .	5 077 78	18 697 66	1 500 .	. .	181 546 27	13 080 .	1 800 .
31	Cöln	. .	1 534 .	13 679 50	1 000 .	. .	138 601 88	10 368 .	. .
32	Trier	5 983 67	8 250 .	51 805 08	4 352 50	. .	548 989 57	59 976 .	3 600 .
33	Aachen	7 718 47	4 383 .	20 227 61	3 100 .	. .	255 630 75	33 420 .	. .
34	Sigmaringen	2 475 .	. .	. .	140 .	. .	20 570 .	8 800 .	. .
35	Generalstaatskasse	. .	. .	. .	. .	53 045 .	53 045 .	51 155 .	. .
36	Ministerial-, Militär- u. Baukommission	. .	. .	. .	. .	. .	. .	. .	. .
	Zusammen	311 072 90	341 888 63	1 397 919 70	157 649 25	53 045 .	18 702 520 87	2 015 149 97	172 146 66

46 b.

Ausgaben

und Betrieb

Dienstaufwands- und Mietsentschädigungen, Dienstkleidungszuschüsse					Betriebskosten			Regierungsbezirk usw.
Dienstaufwandsentschädigungen, Stellenzulagen usw. für Revierförster und Förster, Stellenzulagen usw. für Waldwärter	Dienstaufwandsentschädigungen für Flößereiverwalter, Stellenzulagen und Dienstkleidungszuschüsse für die Meister und Wärter bei den Nebenbetriebsanstalten	Dienstkleidungszuschüsse für Forsthilfsaufseher	Mietsentschädigungen wegen fehlender Dienstwohnungen für Oberförster, Förster, Meister usw.	Zusammen (Spalten 28—33)	Werbung und Verbringen von Holz und anderen Forsterzeugnissen	Unterhaltung und Neubau der Gebäude und Beschaffung fehlender Gebäude	Unterhaltung und Neubau der öffentlichen Wege in den Forsten	
M. | Pf.	M. | Pf.	M. | Pf.	M. | Pf.	M. | Pf.	M. | Pf.	M. | Pf.	M. | Pf.	
30.	31.	32.	33.	34.	35.	36.	37.	
22 995 | .	90 | .	1 727 | 46	8 481 | 83	100 894 | 70	985 075 | 01	107 045 | 21	135 287 | 90	Königsberg.
26 556 | 67	423 | 33	1 931 | 64	9 439 | 57	121 126 | 88	1 072 830 | 92	184 336 | 31	162 754 | 51	Gumbinnen.
54 800 | .	100 | .	2 654 | 05	5 336 | 17	167 688 | 22	1 105 291 | 52	162 023 | .	57 866 | 05	Allenstein.
42 450 | .	. | .	2 018 | 05	3 637 | 30	114 649 | 54	419 062 | 71	121 616 | 48	59 332 | 87	Danzig.
81 036 | 67	830 | .	2 812 | 35	11 967 | 83	238 329 | 85	969 363 | 92	203 460 | 02	343 227 | 46	Marienwerder.
46 675 | 83	230 | .	2 144 | 28	18 242 | 59	206 158 | 58	1 247 301 | 25	230 873 | 05	466 624 | 29	Potsdam.
40 365 | .	. | .	1 376 | 30	16 934 | 37	182 485 | 67	971 317 | 49	175 524 | 36	197 311 | 31	Frankfurt a. O.
23 575 | .	490 | .	1 344 | 50	4 985 | 74	104 144 | 44	582 435 | 64	121 269 | 97	123 904 | 28	Stettin.
19 015 | .	230 | .	553 | 46	2 951 | 44	60 891 | 22	262 645 | 17	75 553 | 99	25 520 | 24	Köslin.
8 710 | .	. | .	117 | 50	2 821 | .	26 890 | 50	227 933 | 22	41 044 | 57	39 120 | 40	Stralsund.
33 590 | .	. | .	1 168 | 42	1 442 | 50	93 931 | 83	507 746 | 42	122 213 | 16	49 122 | 95	Posen.
39 671 | 67	. | .	898 | 79	10 239 | 50	115 026 | 72	476 888 | 26	86 909 | 98	89 742 | 16	Bromberg.
20 165 | 83	. | .	449 | 17	11 465 | 58	76 790 | 25	627 796 | 52	57 451 | 84	62 381 | 33	Breslau.
7 716 | 67	. | .	89 | 70	4 514 | 67	24 426 | 69	147 365 | 09	30 398 | 29	13 491 | 03	Liegnitz.
19 565 | 84	1 010 | .	860 | 48	6 513 | 33	73 498 | 07	442 574 | 97	46 778 | 50	79 921 | .	Oppeln.
18 066 | 66	. | .	449 | 32	9 717 | 51	74 881 | 15	334 006 | 35	57 420 | 82	71 548 | 11	Magdeburg.
22 290 | .	. | .	305 | .	10 487 | 91	90 010 | 25	424 114 | 99	68 601 | 23	106 604 | 41	Merseburg.
21 205 | .	. | .	603 | 53	5 595 | .	63 331 | 66	537 996 | 79	44 317 | 96	40 462 | 05	Erfurt.
17 570 | .	. | .	457 | 50	7 451 | 99	64 785 | 49	358 249 | 40	49 050 | 92	22 837 | 62	Schleswig.
24 830 | .	. | .	893 | 94	7 385 | .	103 953 | 68	234 939 | 58	33 207 | 50	20 812 | 31	Hannover.
51 202 | 50	. | .	785 | 32	15 013 | 31	180 273 | 13	1 297 011 | 08	103 043 | 29	117 643 | 11	Hildesheim.
28 046 | 77	. | .	308 | 76	8 992 | 84	94 317 | 35	445 355 | 25	94 856 | 10	35 844 | 47	Lüneburg.
7 370 | .	. | .	313 | 34	1 654 | 50	28 977 | 24	106 347 | 22	10 968 | 09	5 214 | 36	Stade.
6 780 | .	. | .	216 | 25	1 226 | 74	19 071 | 17	82 979 | 39	15 456 | 50	1 710 | 09	Osnabrück (mit Aurich).
22 890 | .	. | .	481 | 90	8 000 | 33	65 216 | 61	399 663 | 65	56 525 | 45	36 187 | 77	Minden (mit Münster).
14 700 | .	. | .	199 | 13	3 960 | 68	47 739 | 81	171 896 | 73	31 115 | 79	34 400 | 71	Arnsberg.
141 247 | 30	. | .	1 922 | 03	34 576 | 66	402 927 | 86	1 442 175 | 06	163 854 | 12	116 947 | 15	Cassel.
35 200 | .	. | .	792 | 42	13 313 | 38	200 949 | 67	519 980 | 87	75 795 | 83	7 503 | 27	Wiesbaden.
25 325 | .	. | .	361 | 25	9 797 | 16	73 127 | 41	253 930 | 18	42 603 | 32	32 352 | .	Coblenz.
11 800 | .	. | .	421 | 25	4 067 | 50	31 168 | 75	106 820 | 36	19 247 | 10	17 468 | 87	Düsseldorf.
8 200 | .	. | .	325 | 42	3 672 | 83	22 566 | 25	98 925 | 09	13 087 | 93	14 021 | 39	Cöln.
40 115 | .	. | .	1 173 | 81	15 510 | 33	120 375 | 14	670 102 | 05	56 689 | 93	93 149 | 43	Trier.
18 243 | 34	. | .	452 | 29	3 359 | 83	55 475 | 46	241 092 | 24	91 225 | 04	43 852 | 90	Aachen.
. | .	. | .	. | .	3 422 | .	12 222 | .	. | .	199 | 66	. | .	Sigmaringen
. | .	. | .	. | .	. | .	51 155 | .	. | .	. | .	. | .	Generalstaatskasse.
. | .	. | .	. | .	. | .	. | .	. | .	. | .	. | .	Ministerial-, Militär- u. Baukommission
1 001 970 | 75	3 403 | 33	30 608 | 61	286 178 | 92	3 509 458 | 24	17 771 214 | 39	2 793 765 | 31	2 724 167 | 80	Zusammen.

Zu Tafel

Dauernde

Verwaltung und

Laufende Nummer	Regierungsbezirk usw.	Betriebskosten							Reisekosten		Umzugskosten	
		Beihilfen zu Wege- und Brücken-bauten und zur Anlegung von Eisenbahngüter-Haltestellen außerhalb der Forsten		Wasserbauten in den Forsten		Forstkulturen, Verbesserung der Forstgrundstücke, Bau der Wirtschaftswege usw.		Forstvermessungen und Betriebs-regelungen		Jagd-verwaltungskosten und Wildschaden-ersatzgelder		Torf-gräbereien					
		M.	Pf.	M.	Pf.	M.	Pf.	M.	Pf.	M.	Pf.	M.	Pf.	M.	Pf.	M	Pf
		38.		39.		40.		41.		42.		43.		44.		45.	
1	Königsberg	25 928	.	32 308	64	612 593	16	1 235	32	5 962	23	4 534	39	1 455	37	5 164	59
2	Gumbinnen	37 386	82	1 375	05	687 028	30	414	06	17 975	01	13 098	88	3 489	42	8 641	52
3	Allenstein	45 500	.	8 091	90	478 134	46	6 381	66	2 422	09	1 127	25	5 649	26	7 722	27
4	Danzig	4 800	.	1 985	74	482 312	83	7 991	21	696	96	.	.	2 298	01	1 581	70
5	Marienwerder	36 500	.	429	45	723 079	78	11 411	30	4 948	61	.	.	7 272	34	11 551	66
6	Potsdam	7 780	14	26 167	61	770 524	30	6 420	91	8 167	44	.	.	1 766	63	15 873	37
7	Frankfurt a. O.	4 030	.	35 795	99	404 939	03	3 898	98	9 793	04	732	68	4 384	68	7 022	01
8	Stettin	43 308	70	21 713	88	257 454	02	2 824	96	857	64	4 766	60	3 276	02	3 345	31
9	Köslin	2 000	.	345	80	163 010	19	1 104	79	319	88	.	.	4 855	14	5 451	83
10	Stralsund	2 542	67	.	.	105 790	59	570	17	221	68	.	.	297	62	.	.
11	Posen	.	.	.	.	273 866	40	2 478	26	5 401	46	.	.	2 053	10	6 077	35
12	Bromberg	.	.	.	.	246 677	52	2 379	36	168	.	.	.	2 299	77	1 121	36
13	Breslau	56 956	71	2 096	86	199 420	49	708	02	2 562	67	299	41	1 204	21	5 728	79
14	Liegnitz	817	84	2 460	71	67 412	28	657	49	169	16	7	09	287	62	4 165	69
15	Oppeln	26 775	24	7 772	93	146 105	80	2 880	36	1 206	23	.	.	720	44	6 489	02
16	Magdeburg	.	.	.	.	235 236	98	4 813	83	6 492	04	.	.	1 656	30	3 842	54
17	Merseburg	307	17	9 799	08	224 532	64	5 370	51	2 288	80	4 960	48	817	80	3 159	92
18	Erfurt	.	.	.	.	160 047	06	3 315	83	3 434	37	.	.	319	10	5 172	73
19	Schleswig	.	.	1 551	39	109 837	70	669	73	54	.	2 175	98	237	80	3 574	63
20	Hannover	.	.	162	90	115 285	25	455	97	111	86	503	16	464	51	4 723	61
21	Hildesheim	7 252	89	1 057	25	439 772	83	2 091	66	18 024	65	.	.	1 484	34	6 042	30
22	Lüneburg	2 350	.	.	.	189 286	83	699	02	655	93	1 107	95	1 325	69	2 514	.
23	Stade	3 196	81	162	76	48 944	25	316	10	.	.	196	47	349	18	1 548	24
24	Osnabrück (mit Aurich)	1 800	.	.	.	35 394	92	.	.	31	75	255	63	236	14	447	33
25	Minden (mit Münster)	2 000	.	.	.	133 773	17	2 876	03	4 946	54	.	.	1 285	89	4 565	90
26	Arnsberg	5 500	.	2 443	93	76 906	29	1 329	15	263	86	.	.	558	86	3 274	38
27	Cassel	13 565	90	5 452	40	683 205	14	5 985	67	8 810	44	45	.	3 705	61	13 118	38
28	Wiesbaden	6 740	05	.	.	174 969	51	610	34	1 652	23	.	.	2 551	64	11 325	64
29	Coblenz	4 900	.	.	.	103 624	97	1 367	31	399	09	.	.	508	39	3 984	25
30	Düsseldorf	.	.	.	.	69 797	30	118	40	272	70	.	.	288	66	906	60
31	Cöln	.	.	.	.	48 106	21	3 294	90	205	65	.	.	481	35	2 354	56
32	Trier	4 170	.	.	.	260 683	86	413	59	3 338	05	.	.	1 862	38	4 941	90
33	Aachen	2 563	.	.	.	207 434	66	9 001	74	8 040	52	.	.	564	34	1 115	47
34	Sigmaringen	.	.	.	.	.	.	.	.	.	.	.	.	.	.	.	.
35	Generalstaatskasse	.	.	.	.	.	.	.	.	.	.	.	.	2 387	23	.	.
36	Ministerial-, Militär- und Baukommission	.	.	.	.	.	.	.	.	.	.	.	.	.	.	.	.
	Zusammen	348 671	94	161 174	27	8 935 188	72	94 086	63	119 894	58	33 810	97	62 394	84	166 548	85

46 b.

Ausgaben

Betrieb					Forstwissenschaftliche und Lehrzwecke			Regierungsbezirk usw.
Betriebskosten				Summe der Verwaltungs- und Betriebskosten (Spalten 27, 34 und 49)	Besoldungen und andere persönliche Ausgaben	Sonstige Ausgaben	Zusammen (Spalten 51 und 52)	
Vertilgung schädlicher Tiere	Kosten bei Gemeinheitsteilungen und Regulierungen und andere vermischte Ausgaben, bei denen keine Löhne vorkommen	Bezeichnung und Berichtigung der Grenzen, Holzverkaufs- usw. Kosten und sonstige Ausgaben, bei denen Löhne vorkommen	Zusammen (Spalten 35—48)					
M. | Pf.	M. | Pf.	M. | Pf.	M. | Pf.	M. | Pf.	M. | Pf.	M. | Pf.	M. | Pf.	
46.	47.	48.	49.	50.	51.	52.	53.	
60 710 75	13 668 88	36 550 66	2 027 520 11	2 788 503 03	. .	. .	. .	Königsberg.
74 029 84	9 314 61	53 309 94	2 325 985 19	3 209 649 12	. .	. .	. .	Gumbinnen.
91 018 53	20 104 07	69 517 64	2 060 849 70	3 098 698 95	450 .	26 40	476 40	Allenstein.
19 710 97	8 986 78	28 711 95	1 159 088 21	1 910 168 90	. .	. .	. .	Danzig.
53 124 40	11 911 90	52 780 96	2 429 061 80	3 900 124 73	800 .	109 91	909 91	Marienwerder.
61 481 89	19 902 39	86 095 02	2 948 978 29	4 394 972 78	103 452 50	103 407 96	206 860 46	Potsdam.
33 939 14	60 573 14	41 142 40	1 950 404 25	3 197 927 58	5 846 .	22 479 99	28 325 99	Frankfurt a. O.
3 582 62	11 367 15	25 676 09	1 205 782 88	1 998 686 19	. .	. .	. .	Stettin.
5 393 79	6 341 31	11 053 42	563 595 55	1 024 652 17	. .	. .	. .	Köslin.
5 457 43	1 535 97	9 553 94	434 068 26	676 254 71	. .	. .	. .	Stralsund.
20 294 .	19 861 44	44 069 72	1 053 184 26	1 655 359 15	. .	. .	. .	Posen.
30 719 01	2 322 43	19 544 92	958 772 77	1 683 732 87	5 170 .	27 061 09	32 231 09	Bromberg.
21 680 92	2 290 72	19 341 13	1 059 919 62	1 621 454 48	400 .	104 30	504 30	Breslau.
13 686 27	6 974 64	6 006 55	293 899 75	513 109 55	400 .	75 25	475 25	Liegnitz.
20 350 87	14 368 45	41 381 44	837 325 25	1 419 388 28	. .	. .	. .	Oppeln.
13 148 55	2 219 90	19 561 88	749 947 30	1 329 824 76	. .	. .	. .	Magdeburg.
21 590 23	3 803 .	30 929 32	906 879 58	1 594 453 63	450 .	305 15	755 15	Merseburg.
7 262 43	3 876 67	5 759 81	811 964 80	1 218 144 66	. .	. .	. .	Erfurt.
3 048 13	3 066 08	20 594 82	574 948 20	968 453 10	400 .	86 69	486 69	Schleswig.
1 926 74	3 801 70	10 957 44	427 352 53	1 052 790 75	. .	. .	. .	Hannover.
5 786 14	13 512 47	12 628 35	2 025 350 36	3 113 236 08	67 886 .	42 043 80	109 929 80	Hildesheim.
2 745 62	2 843 81	50 512 12	830 096 79	1 405 595 17	. .	. .	. .	Lüneburg.
4 170 87	1 262 72	10 133 62	192 810 69	366 539 15	. .	. .	. .	Stade.
3 058 90	623 97	12 940 40	154 935 02	287 878 38	. .	. .	. .	Osnabrück (mit Aurich).
2 762 22	18 323 40	10 364 83	673 274 85	1 082 449 72	500 .	18 .	518 .	Minden (mit Münster).
1 729 49	3 342 11	3 304 69	336 065 99	593 849 41	. .	. .	. .	Arnsberg.
19 791 42	54 537 54	24 023 14	2 555 216 97	4 794 487 82	5 100 .	24 657 59	29 757 59	Cassel.
2 136 25	5 867 55	11 082 84	820 216 02	1 757 169 .	3 800 .	26 446 02	30 246 02	Wiesbaden.
573 60	2 064 85	5 115 38	451 423 34	881 997 25	. .	. .	. .	Coblenz.
436 28	2 007 93	15 847 88	233 212 08	445 927 10	. .	. .	. .	Düsseldorf.
1 417 89	3 137 35	4 488 49	189 520 81	350 688 94	. .	. .	. .	Cöln.
4 025 34	7 048 06	11 481 06	1 117 905 65	1 787 270 36	. .	. .	. .	Trier.
4 389 28	7 189 61	21 638 57	638 107 37	949 213 58	. .	. .	. .	Aachen.
. .	. 120 22	. .	319 88	33 111 88	. .	. .	. .	Sigmaringen.
. .	10 906 63	. .	13 293 86	117 493 86	. .	753 16	753 16	Generalstaatskasse.
. .	. .	. .	. .	. .	. .	. .	. .	Ministerial-, Militär- u. Baukommission.
615 179 81	359 079 45	826 100 42	35 011 277 98	57 223 257 09	194 654 50	247 575 31	442 229 81	Zusammen.

Dauernde Ausgaben
Allgemeine Ausgaben

Laufende Nummer	Regierungsbezirk usw.	Real- und Kommunallasten und Kosten der örtlichen Kommunal- und Polizeiverwaltung in fiskalischen Guts- und Amtsbezirken	Ablösungsrenten und zeitweise Vergütungen an Stelle von Naturalabgaben	Ausgaben auf Grund der Unfallversicherungsgesetze usw. sowie Beiträge zum Pensionskassenverbande für Gemeindeforstschutzbeamte im Regierungsbezirk Wiesbaden	Unterstützungen für ausgeschiedene Beamte sowie Pensionen und Unterstützungen für Witwen und Waisen von Beamten	Kosten der Armenpflege, die der Forstverwaltung auf Grund rechtlicher Verpflichtung obliegt	Unterstützungen aus sonstiger Veranlassung einschließl. einmaliger Unterstützungen für Personen ohne Beamteneigenschaft, die im Dienste der Forstverwaltung beschäftigt sind, sowie für Hinterbliebene solcher Personen	Ankauf von Grundstücken zu den Forsten (Die schrägen Zahlen sind Minderbeträge)	Zusammen (Spalten 54 bis 60)
		M. Pf.	M. Pf.	M. Pf.	M. Pf.	M. Pf.	M. Pf.	M. Pf.	M. Pf.
		54.	55.	56.	57.	58.	59.	60.	61.
1	Königsberg	233 788 74	269 968 25	28 087 13	10 589 64	20 191 71	3 700 .	. .	566 325 47
2	Gumbinnen	352 353 71	284 830 87	20 323 72	11 942 67	5 191 23	3 640 .	. .	678 282 20
3	Allenstein	244 989 64	239 867 12	20 646 93	8 409 50	4 960 01	5 000 .	. .	523 873 20
4	Danzig	72 681 34	27 715 21	15 802 69	5 502 .	4 834 33	2 200 .	338 04	128 397 53
5	Marienwerder	176 025 55	24 748 98	26 476 38	6 153 50	10 074 41	5 190 .	10 .	248 658 82
6	Potsdam	610 536 03	83 094 83	38 958 88	32 547 75	7 308 59	3 303 .	. .	775 749 08
7	Frankfurt a. O.	202 531 29	11 683 76	19 716 53	8 541 44	7 021 94	3 661 .	. .	253 155 96
8	Stettin	92 303 86	76 943 80	18 702 33	7 997 .	4 100 45	2 200 .	. .	202 247 44
9	Köslin	47 269 88	1 020 70	7 184 06	3 136 .	2 550 47	1 492 .	. .	62 653 11
10	Stralsund	44 953 12	3 798 21	7 830 97	2 215 .	2 335 64	586 55	9 137 50	70 856 99
11	Posen	40 697 50	2 351 94	9 977 73	3 165 .	5 407 72	2 100 .	. .	63 699 89
12	Bromberg	55 073 69	4 975 58	9 867 17	4 825 .	3 238 35	1 895 .	. .	79 874 79
13	Breslau	108 365 34	31 284 31	19 256 29	7 384 .	566 88	2 100 .	. .	168 956 82
14	Liegnitz	27 673 10	8 487 46	3 469 25	5 646 .	718 89	310 .	. .	46 304 70
15	Oppeln	138 496 41	10 808 11	13 089 34	6 784 .	292 16	1 414 .	. .	170 884 02
16	Magdeburg	89 747 76	9 441 80	11 927 74	3 586 .	342 .	1 500 .	. .	116 545 30
17	Merseburg	82 285 95	17 448 43	11 528 06	6 748 .	321 20	1 900 .	. .	120 231 64
18	Erfurt	46 768 69	10 862 86	9 190 98	2 580 .	. .	1 100 .	. .	70 502 53
19	Schleswig	45 192 78	14 643 72	8 575 76	3 666 40	1 365 .	800 .	15 12	74 258 78
20	Hannover	55 328 62	73 708 32	7 875 48	6 579 .	. .	800 .	. .	144 291 42
21	Hildesheim	199 225 13	106 112 41	23 958 69	7 593 .	39 043 15	2 529 60	. .	378 461 98
22	Lüneburg	101 382 63	12 644 61	9 291 85	3 266 .	321 90	1 200 .	. .	128 106 99
23	Stade	31 502 84	4 262 51	2 708 26	810 .	. .	400 .	. .	39 683 61
24	Osnabrück (mit Aurich)	23 279 59	3 337 37	2 891 06	600 .	. .	400 .	. .	30 508 02
25	Minden (mit Münster)	89 905 50	7 296 95	8 743 03	3 252 .	. .	900 .	. .	110 097 48
26	Arnsberg	59 072 55	2 857 08	5 847 29	1 330 .	. .	680 .	. .	69 786 92
27	Cassel	181 934 52	11 376 21	38 963 51	17 450 .	92 60	3 600 .	. .	253 416 84
28	Wiesbaden	127 437 06	16 648 21	13 974 99	5 697 .	. .	1 200 .	. .	164 957 26
29	Coblenz	56 359 21	8 540 70	7 158 98	1 040 .	. .	800 .	. .	73 898 89
30	Düsseldorf	72 656 89	9 327 48	2 722 88	1 850 .	. .	495 .	. .	87 052 25
31	Cöln	35 225 57	4 809 21	1 298 40	1 896 .	. .	300 .	. .	43 529 18
32	Trier	197 601 65	46 953 17	13 960 81	1 590 .	. .	1 560 .	. .	261 665 63
33	Aachen	63 333 51	13 989 66	6 051 05	1 240 .	. .	700 .	. .	85 314 22
34	Sigmaringen	. .	1 263 .	. .	550 .	. .	. .	. .	1 813 .
35	Generalstaatskasse	. .	. .	. .	. .	. .	. .	. .	. .
36	Ministerial-, Militär- u. Baukommission	. .	. .	. .	7 598 .	. .	510 .	. .	8 108 .
	Zusammen	4 005 979 65	1 457 102 83	446 058 22	203 759 90	120 278 63	60 166 15	8 804 58	6 302 149 96

46 b.

Betrag der dauernden Ausgaben (Spalten 50, 53 und 61)		Reinertrag ohne Berücksichtigung der einmaligen Ausgaben (Spalte 11 weniger 62) *Die schrägen Zahlen sind Minderbeträge*		Einmalige und außerordentliche sowie außeretatsmäßige Ausgaben												Regierungsbezirk usw.
				Ablösung von Forstservituten, Reallasten und Passivrenten		Ankauf von Grundstücken zu den Forsten		Erste Einrichtung von Grundstücken zu den Forsten und Anlage von Straßenzügen innerhalb der Forstgrundstücke, deren Veräußerung beabsichtigt wird		Versuchsweise Beschaffung von Insthäusern für Arbeiter		Gewährung von Baudarlehen an Arbeiter auf forstfiskalischen Pachtgrundstücken		Außerordentlicher Zuschuß zum Wegebaufonds		
M.	Pf.	M.	Pf.	M.	Pf.	M.	Pf.	M.	Pf.	M.	Pf.	M.	Pf.	M.	Pf.	
62.		63.		64.		65.		66.		67.		68.		69.		
3 354 828	50	11 189 650	10	742 697	50	26 588	50	180	86	7 806	51	.	.	.	.	Königsberg.
3 887 931	32	7 320 546	13	1 019 678	75	220 470	79	8 344	79	50 692	10	8 850	.	1 588	88	Gumbinnen.
3 623 048	55	7 888 739	63	880 154	67	775 800	34	80 947	32	6 849	86	.	.	.	.	Allenstein.
2 038 566	43	2 333 840	61	1 732	.	58 600	15	13 548	04	12 336	85	.	.	.	.	Danzig.
4 149 693	46	7 597 062	06	14 528	13	500 104	93	98 750	09	36 271	61	.	.	321 734	01	Marienwerder.
5 377 582	32	14 874 741	36	19 992	44	103 878	58	480 347	70	1 060	15	.	.	111 100	.	Potsdam.
3 479 409	53	7 712 526	32	36 662	40	120 682	75	15 198	50	15 356	66	.	.	.	.	Frankfurt a. O.
2 200 933	63	4 543 545	14	7 470	57	140 822	50	19 656	66	18 140	74	.	.	13 992	03	Stettin.
1 087 305	28	1 197 632	30	9 397	76	571 708	96	62 351	47	11 903	72	.	.	.	.	Köslin.
747 111	70	387 651	97	.	.	.	.	.	.	.	.	.	.	.	.	Stralsund.
1 719 059	04	2 458 669	90	155	30	22 295	28	28 728	21	12 353	15	.	.	50 000	.	Posen.
1 795 838	75	3 368 097	06	1 661	.	24 678	14	13 574	41	.	.	.	.	.	.	Bromberg.
1 790 915	60	3 483 255	43	1 952	03	12 040	.	.	.	.	.	.	.	.	.	Breslau.
559 889	50	908 613	97	5 700	.	2 627	50	.	.	.	.	.	.	.	.	Liegnitz.
1 590 272	30	3 366 478	49	1 300	.	4 404 135	60	1 775	44	.	.	.	.	72 500	.	Oppeln.
1 446 370	06	1 830 674	23	2 711	57	.	.	.	.	.	.	.	.	.	.	Magdeburg.
1 715 440	42	3 400 743	04	.	.	8 121	90	.	.	.	.	.	.	.	.	Merseburg.
1 288 647	19	2 659 079	45	226	.	47 714	25	1 069	23	.	.	.	.	.	.	Erfurt.
1 043 198	57	1 126 508	54	.	.	31 511	98	59	55	.	.	.	.	.	.	Schleswig.
1 197 082	17	688 983	22	.	.	165	12	216	50	.	.	.	.	.	.	Hannover.
3 601 627	86	3 785 476	94	1 640	23	6 855	80	1 022	98	.	.	.	.	.	.	Hildesheim.
1 533 702	16	1 291 928	51	39	25	182	14	.	.	.	.	.	.	.	.	Lüneburg.
406 222	76	362 806	33	.	.	.	.	.	.	.	.	2 500	.	.	.	Stade.
318 386	40	225 767	44	.	.	.	.	.	.	.	.	.	.	.	.	Osnabrück (mit Aurich).
1 193 065	20	1 119 603	13	2 878	61	.	.	.	.	.	.	.	.	.	.	Minden (mit Münster).
663 636	33	591 847	80	.	.	60 018	24	7 211	25	5 958	58	.	.	.	.	Arnsberg.
5 077 662	25	2 883 742	36	1 242	16	19 731	07	.	.	.	.	.	.	.	.	Cassel.
1 952 372	28	615 068	70	.	.	3 412	90	.	.	.	.	.	.	.	.	Wiesbaden.
955 896	14	383 932	04	.	.	74 827	70	.	.	.	.	.	.	.	.	Coblenz.
532 979	35	1 054 269	41	.	.	.	.	.	.	.	.	.	.	.	.	Düsseldorf.
394 218	12	251 674	20	.	.	12 620	08	.	.	.	.	.	.	.	.	Cöln.
2 048 935	99	1 066 833	97	.	.	110 781	41	.	.	.	.	.	.	.	.	Trier.
1 034 527	80	695 403	23	.	.	462 443	06	1 115	33	.	.	.	.	.	.	Aachen.
34 924	*88*	*21 851*	*89*	.	.	.	.	.	.	.	.	.	.	.	.	Sigmaringen.
118 247	*02*	*65 047*	*35*	.	.	.	.	2 441	.	.	.	.	.	.	.	Generalstaatskasse.
8 108	.	581 059	35	.	.	.	.	823 157	63	.	.	.	.	.	.	Ministerial-, Militär- u. Baukommission.
63 967 636	86	103 159 553	12	2 751 820	37	7 822 819	67	1 659 696	96	178 729	93	11 350	.	570 914	92	Zusammen

Zu Tafel 46 b.

Laufende Nummer	Regierungsbezirk usw.	Einmalige und außerordentliche sowie außeretatsmäßige Ausgaben									Bleibt Reinertrag (Spalte 63 weniger 74) Die schrägen Zahlen sind Minderbeträge		Der Reinertrag (Spalte 75) beträgt wieviel vom Hundert des Rohertrages (Spalte 11) ?
		Außerordentlicher Zuschuß zum Beihilfefonds für Wegebauten usw.		Herstellung von Fernsprechanlagen		Ankauf und erste Einrichtung von Gütern in den Provinzen Westpreußen und Posen als Grundstücke zu den Forsten		Mehrausgaben infolge vorzeitiger Besetzung einer Försterstelle		Zusammen (Spalten 64—73)				
		M.	Pf.	M.	Pf.	M.	Pf.	M.	Pf.	M.	Pf.	M.	Pf.	
		70		71.		72.		73.		74.		75.		76.
1	Königsberg	.	.	13 210	.	.	.	.	.	790 483	37	10 399 166	73	71
2	Gumbinnen	23 987	80	11 599	81	.	.	.	.	1 345 212	92	5 975 333	21	53
3	Allenstein	.	.	18 032	81	.	.	.	.	1 761 785	.	6 126 954	63	53
4	Danzig	.	.	1 720	.	6 659	14	.	.	94 596	18	2 239 244	43	51
5	Marienwerder	.	.	19 309	76	1 085 645	49	711	60	2 077 055	62	5 520 006	44	47
6	Potsdam	.	.	15 047	67	.	.	.	.	731 426	54	14 143 314	82	70
7	Frankfurt a. O.	.	.	11 962	16	.	.	.	.	199 862	47	7 512 663	85	67
8	Stettin	10 954	.	7 670	.	.	.	.	.	218 706	50	4 324 838	64	64
9	Köslin	.	.	9 934	54	.	.	.	.	665 296	45	532 335	85	23
10	Stralsund	.	.	.	.	.	.	.	.	.	.	387 651	97	34
11	Posen	.	.	9 190	.	48 843	38	.	.	171 565	32	2 287 104	58	55
12	Bromberg	.	.	296	11	62 220	11	.	.	102 429	77	3 265 667	29	63
13	Breslau	.	.	.	.	.	.	.	.	13 992	03	3 469 263	40	66
14	Liegnitz	.	.	.	.	.	.	.	.	8 327	50	900 286	47	61
15	Oppeln	.	.	1 340	.	.	.	.	.	4 481 051	04	*1 114 572*	*55*	.
16	Magdeburg	.	.	.	.	.	.	.	.	2 711	57	1 827 962	66	56
17	Merseburg	.	.	4 300	.	.	.	.	.	12 421	90	3 388 321	14	66
18	Erfurt	.	.	180	.	.	.	.	.	49 189	48	2 609 889	97	66
19	Schleswig	.	.	2 050	.	.	.	.	.	33 621	53	1 092 887	01	50
20	Hannover	.	.	.	.	.	.	.	.	381	62	688 601	60	37
21	Hildesheim	.	.	2 384	34	.	.	.	.	11 903	35	3 773 573	59	51
22	Lüneburg	.	.	1 390	64	.	.	.	.	1 612	03	1 290 316	48	46
23	Stade	.	.	2 500	.	.	.	.	.	.	.	360 306	33	47
24	Osnabrück (mit Aurich)	.	.	.	.	.	.	.	.	.	.	225 767	44	41
25	Minden (mit Münster)	.	.	.	.	.	.	.	.	2 878	61	1 116 724	52	48
26	Arnsberg	.	.	510	.	.	.	.	.	73 698	07	518 149	73	41
27	Cassel	.	.	1 048	61	.	.	.	.	22 021	84	2 861 720	52	36
28	Wiesbaden	.	.	6 920	.	.	.	.	.	10 332	90	604 735	80	24
29	Coblenz	.	.	.	.	.	.	.	.	74 827	70	309 104	34	23
30	Düsseldorf	.	.	.	.	.	.	.	.	.	.	1 054 269	41	66
31	Cöln	.	.	.	.	.	.	.	.	12 620	08	239 054	12	37
32	Trier	.	.	2 083	80	.	.	.	.	112 865	21	953 968	76	31
33	Aachen	.	.	3 203	50	.	.	.	.	466 761	89	228 641	34	13
34	Sigmaringen	.	.	.	.	.	.	.	.	.	.	*21 851*	*89*	.
35	Generalstaatskasse	.	.	.	.	.	.	.	.	2 441	.	67 488	35	.
36	Ministerial-, Militär- u. Baukommission	.	.	.	.	.	.	.	.	823 157	63	*242 098*	*28*	.
	Zusammen	34 941	80	143 383	75	1 203 368	12	711	60	14 377 737	12	88 781 816	.	53

Tafel 46c.

Nachweisung der Einnahmen und Ausgaben der Staatsforstverwaltung im Etatsjahre 1911.

(Forstwirtschaftsjahre 1. 10. 1910/11).

———

Tafel

Laufende Nummer	Regierungsbezirk	Flächeninhalt			Isteinnahme, ausschl. der Einnahme für Jagd und verkaufte Forstgrundstücke		Istausgabe, ausschl. der Ausgaben für Kassenführung, Jagd, forstwissenschaftliche und Lehrzwecke und für den Ankauf von Grundstücken				Überschuß	
		Holzboden	Nichtholzboden	Gesamtfläche (Sp. 1+2)	im ganzen	für 1 ha der Gesamtfläche (Sp. 3)	Personalaufwand für Verwaltung und Schutz	Aufwand für den Betrieb	im ganzen (Sp. 6+7)	v. H. der Einnahme	im ganzen (Sp. 4 weniger 8)	für 1 ha der Gesamtfläche (Sp. 3)
		Hektar			Mark	M. Pf.	Mark				Mark	M. Pf.
		1.	2.	3.	4.	5.	6.	7.	8.	9.	10.	11.
1	Königsberg	100 753	35 843	136 596	14 521 898	106 31	837 819	3 230 196	4 068 015	28	10 453 883	76 53
2	Gumbinnen	125 792	36 433	162 225	11 183 339	68 94	1 045 057	3 903 892	4 948 949	44	6 234 390	38 43
3	Allenstein	188 779	42 740	231 519	11 468 337	49 54	1 176 775	3 366 291	4 543 066	40	6 925 271	29 91
4	Danzig	124 447	16 399	140 846	4 350 823	30 89	841 333	1 199 390	2 040 723	47	2 310 100	16 40
5	Marienwerder	248 329	32 774	281 103	11 619 440	41 34	1 643 005	2 917 229	4 560 234	39	7 059 206	25 11
6	Potsdam	204 275	21 701	225 976	13 284 776	58 79	1 659 004	4 053 556	5 712 560	43	7 572 216	33 51
7	Frankfurt a. O.	191 285	16 165	207 450	11 029 199	53 17	1 391 898	2 060 387	3 452 285	31	7 576 914	36 52
8	Stettin	107 009	12 060	119 069	6 644 145	55 80	882 708	1 340 249	2 222 957	33	4 421 188	37 13
9	Köslin	77 280	8 084	85 364	2 250 265	26 36	573 287	591 536	1 164 823	52	1 085 442	12 72
10	Stralsund	25 631	3 180	28 811	1 122 251	38 95	267 455	453 591	721 046	64	401 205	13 93
11	Posen	97 332	10 281	107 613	4 080 172	37 92	704 689	1 082 779	1 787 468	44	2 292 704	21 31
12	Bromberg	131 195	13 173	144 368	5 116 785	35 44	798 014	945 980	1 743 994	34	3 372 791	23 36
13	Breslau	58 499	5 159	63 658	5 248 501	82 45	620 611	1 138 409	1 759 020	34	3 489 481	54 82
14	Liegnitz	22 239	1 407	23 646	1 464 701	61 94	258 193	298 143	556 336	38	908 365	38 42
15	Oppeln	73 227	4 489	77 716	4 936 700	63 52	623 657	1 010 561	1 634 218	33	3 302 482	42 49
16	Magdeburg	63 235	6 134	69 369	2 753 530	39 69	607 083	798 543	1 405 626	51	1 347 904	19 43
17	Merseburg	71 803	6 939	78 742	5 079 287	64 51	738 151	935 847	1 673 998	33	3 405 289	43 25
18	Erfurt	37 611	1 376	38 987	3 926 799	100 72	451 023	818 451	1 269 474	32	2 657 325	68 16
19	Schleswig	37 292	7 004	44 296	1 791 257	40 44	437 746	595 612	1 033 358	58	757 899	17 11
20	Hannover	27 387	2 603	29 990	1 663 011	55 45	422 871	522 277	945 148	57	717 863	23 94
21	Hildesheim	99 885	4 311	104 196	7 234 295	69 43	1 158 986	2 274 178	3 433 164	47	3 801 131	36 48
22	Lüneburg	75 400	7 304	82 704	2 782 122	33 64	664 504	854 497	1 519 001	55	1 263 121	15 27
23	Stade	17 375	3 655	21 030	732 065	34 81	187 978	217 425	405 403	55	326 662	15 53
24	Osnabrück (mit Aurich)	13 692	2 547	16 239	542 762	33 42	143 154	172 374	315 528	58	227 234	13 99
25	Minden (mit Münster)	34 686	1 528	36 214	2 300 794	63 53	468 351	709 172	1 177 523	51	1 123 271	31 02
26	Arnsberg	24 068	848	24 916	1 227 430	49 26	285 017	381 444	666 461	54	560 969	22 51
27	Cassel	201 087	7 011	208 098	7 835 258	37 65	2 399 659	2 595 083	4 994 742	64	2 840 516	13 65
28	Wiesbaden	51 847	1 658	53 505	2 424 810	45 32	1 010 475	878 423	1 888 898	78	535 912	10 02
29	Coblenz	29 849	889	30 738	1 326 318	43 15	474 035	468 046	942 081	71	384 237	12 50
30	Düsseldorf	16 612	2 148	18 760	1 148 133	61 20	232 878	288 531	521 409	45	626 724	33 41
31	Cöln	13 736	1 005	14 741	625 256	42 42	181 750	210 727	392 477	63	232 779	15 79
32	Trier	64 191	2 188	66 379	3 086 292	46 50	730 267	1 298 905	2 029 172	66	1 057 120	15 93
33	Aachen	33 912	1 217	35 129	1 661 334	47 29	408 006	618 312	1 026 318	62	635 016	18 08
	Zusammen	2 689 740	320 253	3 009 993	156 462 085	51 98	24 325 439	42 230 036	66 555 475	43	89 906 610	29 87

46c

	Unter der Einnahme (Spalte 4) sind begriffen							Unter dem Personalaufwand (Spalte 6) sind enthalten				
	Isteinnahme für Holz und Rinde						Isteinnahme aus Forstnebennutzungen (Kap. 2, Tit. 2 + 4)	Beiträge Dritter zur Besoldung der Beamten	für die örtliche Verwaltung (höhere Beamte)		für Forstschutz usw. (mittl. u. Unterbeamte)	
im ganzen	für 1 ha Holzboden (Sp. 1)		Davon für						im ganzen	für 1 ha der Gesamtfläche (Sp. 3)	im ganzen	für 1 ha der Gesamtfläche (Sp. 3)
			Nutzholz (einschl. Nutzrinde)		Brennholz (einschl. Brennrinde)							
Mark	M.	Pf.	Mark	v. H.	Mark	v. H.	Mark	Mark	Mark	M.	Pf.	Mark	M.	Pf.
12.	13.		14.	15.	16.	17.	18.	19.	20.	21.	22.	23.
14 049 039	139	44	9 957 012	71	4 092 027	29	423 964	4 500	259 526	1	90	536 310	3	93
10 572 695	84	05	8 777 523	83	1 795 172	17	596 470	.	267 583	1	65	730 979	4	51
10 980 416	58	17	9 868 897	90	1 111 519	10	457 221	.	320 418	1	38	802 152	3	46
4 140 080	33	27	3 424 308	83	715 772	17	201 840	.	222 023	1	58	579 601	4	12
11 046 569	44	48	8 837 215	80	2 209 354	20	476 956	.	411 409	1	46	1 146 397	4	08
11 334 572	55	49	9 022 053	80	2 312 519	20	587 739	.	496 556	2	20	1 097 519	4	86
10 606 104	55	45	9 105 492	86	1 500 612	14	352 765	.	406 687	1	96	914 260	4	41
6 317 610	59	04	5 160 903	82	1 156 707	18	300 030	.	263 356	2	21	570 890	4	79
2 137 631	27	66	1 447 423	68	690 208	32	107 053	.	127 780	1	50	406 309	4	76
1 036 292	40	43	738 788	71	297 504	29	73 873	.	57 972	2	01	194 613	6	75
3 834 970	39	40	3 155 564	82	679 406	18	220 089	.	200 670	1	86	458 702	4	26
4 828 574	36	80	3 874 328	80	954 246	20	254 691	.	216 800	1	50	535 892	3	71
5 027 251	85	94	4 329 974	86	697 277	14	213 254	.	143 449	2	25	440 327	6	92
1 420 646	63	88	1 245 766	88	174 880	12	42 664	.	69 241	2	93	173 776	7	35
4 797 327	65	51	4 343 402	91	453 925	9	127 398	.	156 347	2	01	446 262	5	74
2 458 408	38	88	1 853 199	75	605 209	25	285 765	.	182 291	2	63	394 573	5	69
4 604 820	64	13	3 748 078	81	856 742	19	427 281	.	200 588	2	55	500 662	6	36
3 870 282	102	90	3 228 583	83	641 699	17	54 385	.	114 498	2	94	306 443	7	86
1 685 688	45	20	1 023 984	61	661 704	39	96 328	.	139 790	3	16	266 144	6	01
1 603 675	58	56	1 300 581	81	303 094	19	51 914	5 502	158 532	5	29	229 290	7	65
6 904 691	69	13	5 775 172	84	1 129 519	16	285 647	17 528	370 844	3	56	710 108	6	82
2 601 236	34	50	2 069 085	80	532 151	20	170 108	.	214 482	2	59	407 537	4	93
700 019	40	29	582 002	83	118 017	17	29 110	.	60 082	2	86	112 336	5	34
495 524	36	19	407 863	82	87 661	18	42 641	.	35 998	2	22	92 952	5	72
2 251 473	64	91	1 728 283	77	523 190	23	44 281	2 051	137 223	3	79	298 548	8	24
1 161 883	48	28	925 982	80	235 901	20	21 037	5 958	81 218	3	26	170 279	6	83
7 361 064	36	61	4 805 486	65	2 555 578	35	297 469	56 943	798 077	3	84	1 489 464	7	16
2 176 336	41	98	1 026 607	47	1 149 729	53	127 364	90 124	477 140	8	92	457 007	8	54
1 268 612	42	50	832 715	66	435 897	34	26 768	28 115	109 022	3	55	318 583	10	36
866 768	52	18	743 856	86	122 912	14	225 144	.	59 044	3	15	158 953	8	47
499 634	36	37	430 139	86	69 495	14	80 031	2 521	55 148	3	74	110 074	7	47
2 907 063	45	29	1 844 184	63	1 062 879	37	162 159	1 920	163 969	2	47	509 913	7	68
1 632 148	48	13	1 480 584	91	151 564	9	19 900	1 265	123 253	3	51	249 493	7	10
147 179 100	54	72	117 095 031	80	30 084 069	20	6 883 337	216 427	7 101 016	2	36	15 816 348	5	25

35

Tafel 46 d.
Nachweisung über die Reinerträge der Staatsforsten im Etatsjahre 1911.

Laufende Nummer	Regierungsbezirk	Gesamtfläche	Ist einnahme, ausschl. des Erlöses für verkaufte Forstgrundstücke				Istausgabe, ausschl. der Ausgabe in der Spalte 10				Mithin Reinertrag (Spalte 4 weniger 6)				Außerdem sind ausgegeben unter Kap. 3 u. Kap. 4 Tit. 7 der dauernden sowie unter Kap. 2 Tit. 2a der einmal. u. außerordentl. Ausgaben	
			im ganzen		für 1 ha		im ganzen		für 1 ha		im ganzen		für 1 ha			
		ha	Mark	Pf.	M.	Pf	Mark	Pf.	M.	Pf	Mark	Pf.	M.	Pf	Mark	Pf
1.	2.	3.	4.		5.		6.		7.		8.		9.		10.	
1	Königsberg	136 596	14 543 820	60	106	47	4 118 723	37	30	15	10 425 097	23	76	32	26 588	50
2	Gumbinnen	162 225	11 208 477	45	69	09	5 012 673	45	30	90	6 195 804	.	38	19	220 470	79
3	Allenstein	231 519	11 492 123	60	49	64	4 608 556	81	19	91	6 883 566	79	29	73	776 276	74
4	Danzig	140 846	4 362 953	74	30	98	2 068 241	36	14	68	2 294 712	38	16	29	58 262	11
5	Marienwerder	281 103	11 655 930	52	41	46	4 640 098	75	16	51	7 015 831	77	24	96	501 004	84
6	Potsdam	225 976	13 369 839	67	59	16	5 798 269	82	25	66	7 571 569	85	33	51	310 739	04
7	Frankfurt a. O.	207 450	11 065 000	45	53	34	3 530 263	26	17	02	7 534 737	19	36	32	149 008	74
8	Stettin	119 069	6 674 306	42	56	05	2 278 817	63	19	14	4 395 488	79	36	92	140 822	50
9	Köslin	85 364	2 262 208	08	26	50	1 180 892	77	13	83	1 081 315	31	12	67	571 708	96
10	Stralsund	28 811	1 134 763	67	39	39	737 974	20	25	61	396 789	47	13	77	9 137	50
11	Posen	107 613	4 105 015	82	38	15	1 819 485	70	16	91	2 285 530	12	21	24	22 295	28
12	Bromberg	144 368	5 138 113	30	35	59	1 779 139	18	12	32	3 358 974	12	23	27	56 909	23
13	Breslau	63 658	5 274 171	03	82	85	1 792 363	33	28	16	3 481 807	70	54	70	12 544	30
14	Liegnitz	23 646	1 468 374	07	62	10	565 114	25	23	90	903 259	82	38	20	3 102	75
15	Oppeln	77 716	4 956 750	79	63	78	1 667 187	74	21	45	3 289 563	05	42	33	4 404 135	60
16	Magdeburg	69 369	2 788 345	89	40	20	1 449 081	63	20	89	1 339 264	26	19	31	.	.
17	Merseburg	78 742	5 116 172	96	64	97	1 718 985	27	21	83	3 397 187	69	43	14	8 877	05
18	Erfurt	38 987	3 934 888	29	100	93	1 290 122	42	33	09	2 644 765	87	67	84	47 714	25
19	Schleswig	44 296	1 812 542	07	40	92	1 044 806	31	23	59	767 735	76	17	33	32 013	79
20	Hannover	29 990	1 670 367	39	55	70	960 246	41	32	02	710 120	98	23	68	165	12
21	Hildesheim	104 196	7 261 387	10	69	69	3 496 745	61	33	56	3 764 641	49	36	13	116 785	60
22	Lüneburg	82 704	2 811 360	83	33	99	1 535 132	05	18	56	1 276 228	78	15	43	182	14
23	Stade	21 030	736 573	59	35	02	408 722	76	19	44	327 850	83	15	59	.	.
24	Osnabrück (mit Aurich)	16 239	544 153	84	33	51	318 386	40	19	61	225 767	44	13	90	.	.
25	Minden (mit Münster)	36 214	2 311 040	08	63	82	1 195 425	81	33	01	1 115 614	27	30	81	518	.
26	Arnsberg	24 916	1 235 712	.	49	60	677 316	16	27	18	558 395	84	22	41	60 018	24
27	Cassel	208 098	7 879 327	97	37	86	5 050 195	43	24	27	2 829 132	54	13	60	49 488	66
28	Wiesbaden	53 505	2 445 484	18	45	71	1 929 046	26	36	05	516 437	92	9	65	33 658	92
29	Coblenz	30 738	1 339 828	18	43	59	955 896	14	31	10	383 932	04	12	49	74 827	70
30	Düsseldorf	18 760	1 161 153	76	61	90	532 979	35	28	41	628 174	41	33	48	.	.
31	Cöln	14 741	645 892	32	43	82	394 218	12	26	74	251 674	20	17	07	12 620	08
32	Trier	66 379	3 102 369	96	46	74	2 051 019	79	30	90	1 051 350	17	15	84	110 781	41
33	Aachen	35 129	1 672 886	98	47	62	1 038 846	63	29	57	634 040	35	18	05	462 443	06
	Zusammen	3 009 993	157 181 336	60	52	22	67 644 974	17	22	47	89 536 362	43	29	75	8 273 100	90

Tafel 47.
Gegenüberstellung der Einnahmen und Ausgaben für Torfgräbereien der Staatsforstverwaltung in den Etatsjahren 1908—1911.

Jahr	Einnahme Mark	Ausgabe (Betriebskosten ausschl. Besoldungen) Mark	Überschuß Mark	Jahr	Einnahme Mark	Ausgabe (Betriebskosten ausschl. Besoldungen) Mark	Überschuß Mark
1908	162 214	36 420	125 794	1910	135 635	33 465	102 170
1909	153 127	36 450	116 677	1911	139 455	33 811	105 644

Tafel 49.
Übersicht über die auf 1 ha der nutzbaren Fläche (von 1910 ab der Gesamtfläche) entfallenden dauernden Ausgaben der Staatsforstverwaltung für die Etatsjahre 1907—1911 in Mark.

Laufende Nummer	Etatsjahr	Verwaltungskosten				Betriebskosten					Ausgaben zu forstwissenschaftlichen und Lehrzwecken	Zusammen (Spalten 6 + 11 + 12)
		Unterhaltung der Forstbeamten: Besoldung, Dienstaufwand, Wohnung	Unterstützung der Beamten und ihrer Hinterbliebenen	Kosten der Gelderhebung und Auszahlung	Zusammen (Spalten 3—5)	Kosten für Werbung und Verbringen von Holz und anderen Forsterzeugnissen	Kulturen und Betriebseinrichtungen	Steuern, Abgaben, Renten	Sonstige Ausgaben (von 1911 ab ausschl. der Ausgaben für den Ankauf von Grundstücken)	Zusammen (Spalten 7—10)		
1.	2.	3.	4.	5.	6.	7.	8.	9.	10.	11.	12.	13.
1	1907	7,40	0,18	0,31	7,89	4,97	3,03	1,10	3,12	12,22	0,16	20,27
2	1908	7,32	0,16	0,31	7,79	5,59	2,97	1,78	4,13	14,17	0,14	22,10
3	1909	8,18	0,13	0,33	8,64	6,11	3,14	1,64	3,18	14,07	0,14	22,85
4	1910	7,96	0,13	0,30	8,39	7,34	3,07	1,80	3,66	15,87	0,13	24,39
5	1911	8,04	0,12	0,33	8,49	5,90	3,00	1,63	2,87	13,40	0,15	22,04

Tafel 52a.
Nachweisung der während des Jahres 1912 vorgekommenen erheblicheren Brände in den Staatswaldungen und der hierdurch vernichteten Holzbestände.

Laufende Nummer	Provinz	Zahl der Brände	Es ist vernichtet				Bemerkungen
			der Bestand ganz oder zum größten Teil ha	der Bestand nur zum kleinen Teil ha	nur die Bodendecke ha	Gesamtfläche ha	
1	Ostpreußen	.	.	.	.	.	
2	Westpreußen	2	13,0	.	.	13,0	
3	Brandenburg	.	.	.	.	.	
4	Pommern	1	.	1,3	2,4	3,7	
5	Posen	.	.	.	.	.	
6	Schlesien	2	9,3	.	.	9,3	
7	Sachsen	1	4,8	.	3,2	8,0	
8	Schleswig-Holstein	1	302,5	.	.	302,5	
9	Hannover	2	37,1	.	.	37,1	
10	Westfalen mit Schaumburg	.	.	.	.	.	
11	Hessen-Nassau ohne Schaumburg	.	.	.	.	.	
12	Rheinprovinz	1	42,0	40,0	70,0	152,0	
	Zusammen	10	408,7	41,3	75,6	525,6	

Tafel 54b.

Vergleichung des Flächeninhalts, des Holzeinschlags, der Einnahme, der Ausgabe und des Reinertrages der Staatsforsten in den Jahren 1907—1911 mit den Ergebnissen des Jahres 1868, letztere gleich 100 gerechnet.

Etatsjahr	Gesamtfläche	Holzeinschlag		Rohertrag			Dauernde Ausgabe							Zu forstwissenschaftlichen und Lehrzwecken	Betrag der Ausgaben	Reinertrag
		Derbholz	Stockholz und Reisig	Für Holz	Sonstige Einnahmen	Zusammen	Persönliche Kosten	Werbungs- usw. Kosten	Sächliche Kosten						
									Kultur- usw. Kosten	Steuern und Renten	Sonstige Ausgaben	Zusammen			
1.	2.	3.	4.	5.	6.	7.	8.	9.	10.	11.	12.	13.	14.	15.	16.
1907	112,2	196	95	310	159	293	257	234	334	317	258	266	592	264	322	
1908	113,3	205	110	305	169	290	256	265	330	522	345	326	522	294	287	
1909	114,2	225	115	312	177	298	305	294	352	475	268	268	541	333	264	
1910	115,0	283	108	327	186	310	291	369	362	559	331	372	516	340	277	
1911	115,5	233	103	407	219	408	290	298	355	508	204	300	581	297	472	

Anmerkung: Der erhebliche Rückgang in einigen Spalten der dauernden Ausgaben ist verursacht durch die Verrechnung der Kosten für den Ankauf von Grundstücken bei den einmaligen und außerordentlichen Ausgaben.

Tafel 56b u. c.

Nachweisung über die Zahl der Studierenden der Forstakademien in Eberswalde und Münden im Sommerhalbjahr 1912 und im Winterhalbjahr 1912/13.

Halbjahr	Studierende, die den Vorbedingungen für den Eintritt in die Preußische Forstverwaltungs-Laufbahn Genüge geleistet hatten						Studierende, die den Vorbedingungen für den Eintritt in die Preußische Forstverwaltungs-Laufbahn nicht Genüge geleistet hatten und Hospitanten				Zusammen Studierende
	Zivil-Forstbeflissene	Angehörige des Reitenden Feldjägerkorps	Angehörige der Jäger-Bataillone	Zusammen	Davon waren		Preußen	Angehörige anderer deutscher Staaten	Ausländer	Zusammen	
					Preußen	Angehörige anderer deutscher Staaten					
1.	2.	3.	4.	5.	6.	7.	8.	9.	10.	11.	12.
a) Eberswalde.											
Sommer 1912	22	13	1	36	36	.	9	9	6	24	60
Winter 1912/13	22	14	.	36	36	.	6	6	10	22	58
b) Münden.											
Sommer 1912	35	13	.	48	46	2	7	7	5	19	67
Winter 1912/13	46	13	.	59	57	2	9	7	8	24	83

Tafel 58. **Nachweisung der verausgabten Kultur- und Verkehrswegebaugelder für das Etatsjahr 1911**
(Forstwirtschaftsjahr 1. 10. 1910/11).

Verausgabte Kulturgelder

Kapitel I — Nachbesserungen und Wiederholungen

Laufende Nummer	Regierungsbezirk	Zur Holzzucht bestimmte Fläche	Bodenverwundung				Saat				Pflanzung				Im ganzen			
		ha	ha	d	Mark	Pf.	ha	d	Mark	Pf.	ha	d	Mark	Pf.	ha	d	Mark	Pf.
1.	2.	3.	4.				5.				6				7			
1	Königsberg	100 753	.	.	.	.	.	.	.	.	275	6	26 979	70	275	6	26 979	70
2	Gumbinnen	125 792	.	.	.	.	9	1	316	93	295	3	20 856	94	304	4	21 173	87
3	Allenstein	188 779	2	7	274	45	51	5	2 320	46	667	5	41 818	96	721	7	44 413	87
4	Danzig	124 447	.	.	.	.	.	.	.	.	439	6	37 070	33	439	6	37 070	33
													9	80			9	80
5	Marienwerder	248 329	.	.	.	.	26	7	225	08	1 140	.	59 744	88	1 166	7	59 969	96
													28	10			28	10
6	Potsdam	204 275	.	.	.	.	4	4	61	30	767	.	72 855	55	771	4	72 916	85
7	Frankfurt a. O.	191 285	.	.	.	.	60	.	1 540	04	587	3	56 360	08	647	3	57 900	12
													2	20			2	20
8	Stettin	107 009	.	.	.	.	4	7	116	62	225	6	20 685	57	230	3	20 802	19
9	Köslin	77 280	1	.	17	.	9	3	111	13	172	6	11 606	57	182	9	11 734	70
10	Stralsund	25 631	.	.	.	.	.	.	.	.	169	4	15 696	29	169	4	15 696	29
11	Posen	97 332	.	.	.	.	9	4	257	74	635	5	42 289	77	644	9	42 547	51
													39	30			39	30
12	Bromberg	131 195	.	.	.	.	1	9	191	43	565	2	33 731	18	567	1	33 922	61
													2				2	
13	Breslau	58 499	.	.	.	.	.	8	144	92	208	2	16 731	57	209	.	16 876	49
14	Liegnitz	22 239	.	.	.	.	.	.	.	.	107	7	4 790	85	107	7	4 790	85
15	Oppeln	73 227	.	.	.	.	18	8	212	48	203	2	14 047	38	222	.	14 259	86
													9	10			9	10
16	Magdeburg	63 235	.	.	.	.	35	7	1 264	76	259	6	28 046	95	295	3	29 311	71
17	Merseburg	71 803	.	.	.	.	85	8	1 938	51	228	5	25 073	20	314	3	27 011	71
18	Erfurt	37 611	.	.	.	.	.	7	9	57	86	7	5 868	16	87	4	5 877	73
19	Schleswig	37 292	4	.	79	77	20	5	17	.	143	2	11 376	07	167	7	11 472	84
20	Hannover	27 387	.	3	10	.	.	3	15	60	88	2	6 029	26	88	8	6 054	86
21	Hildesheim	99 885	.	.	.	.	.	.	.	.	170	4	16 394	83	170	4	16 394	83
22	Lüneburg	75 400	3	3	239	22	15	3	680	68	213	5	15 221	89	232	1	16 141	79
23	Stade	17 375	6	3	140	85	.	5	3	.	38	9	4 581	95	45	7	4 725	80
24	Osnabrück (mit Aurich)	13 692	.	.	.	.	2	.	39	15	32	9	2 678	64	34	9	2 717	79
25	Minden (mit Münster)	34 686	.	.	.	.	33	5	26	05	56	1	5 843	20	89	6	5 869	25
26	Arnsberg	24 068	.	.	.	.	.	.	.	.	30	6	2 229	39	30	6	2 229	39
27	Cassel	201 087	.	.	.	.	25	9	294	75	410	4	36 822	14	436	3	37 116	89
													.	60			.	60
28	Wiesbaden	51 847	1	2	93	47	7	8	137	03	80	3	6 190	38	89	3	6 420	88
29	Coblenz	29 849	.	.	.	.	20	5	223	73	32	7	2 593	13	53	2	2 816	86
30	Düsseldorf	16 612	.	.	.	.	4	4	182	81	68	4	6 390	52	72	8	6 573	33
31	Cöln	13 736	.	.	.	.	.	.	.	.	54	3	4 582	78	54	3	4 582	78
32	Trier	64 191	.	.	.	.	11	7	510	88	121	1	7 805	09	132	8	8 315	97
33	Aachen	33 912	.	.	.	.	1	5	47	10	122	3	9 617	24	123	8	9 664	34
	Zusammen	2 689 740	18	8	854	76	462	7	10 888	75	8 697	8	672 610	44	9 179	3	684 353	95
													91	10			91	10

Anmerkung: Die schrägen Zahlen geben den Wert der geleisteten Forststrafarbeit an.

Zu Tafel

Laufende Nummer	Regierungs-bezirk	Kapitel II Erstmalige Kulturen											Kapitel III Anlegung und Unterhaltung von Saat- und Pflanzkämpen		
		Boden-verwundung			Saat			Pflanzung			Im ganzen					
		ha	d	Mark	Pf.	ha	d	Mark	Pf.	ha	d	Mark	Pf.	ha	d	Mark	Pf.	ha	a	Mark	Pf.
		8.				9.				10.				11.				12.			
1	Königsberg	1	6	58	69	115	.	6 048	74	1 092	7	162 441	91	1 209	3	168 549	34	62	94	75 307	48
												1	20			1	20				
2	Gumbinnen	29	.	925	60	459	3	21 801	63	646	7	55 472	60	1 135	.	78 199	83	40	67	37 282	91
																				2	40
3	Allenstein	107	4	4 237	63	2 002	.	65 201	27	605	2	38 093	07	2 714	6	107 531	97	65	59	40 317	28
								20	.			26	60			46	60			9	70
4	Danzig	23	9	110	30	440	4	13 416	87	1 368	9	180 347	42	1 833	2	193 874	59	41	79	33 854	05
								2	.			46	80			48	80			43	90
5	Marienwerder	50	1	575	80	2 615	2	66 699	50	2 214	8	103 939	44	4 880	1	171 214	74	87	26	42 484	62
												3	10			3	10			67	60
6	Potsdam	7	2	97	40	651	3	30 140	02	667	5	71 199	97	1 326	.	101 437	39	70	59	65 832	12
												4	.			4	.			2	.
7	Frankfurt a. O.	1	7	70	85	907	.	44 231	15	527	3	54 559	68	1 436	.	98 861	68	53	22	30 009	66
8	Stettin	7	5	350	93	516	7	30 442	38	269	3	29 565	57	793	5	60 358	88	15	49	25 370	20
9	Köslin	52	2	477	.	1 511	3	29 982	32	420	7	26 675	21	1 984	2	57 134	53	12	63	11 219	36
10	Stralsund	4	4	105	80	105	.	10 003	04	116	1	13 374	98	225	5	23 483	82	8	68	12 309	74
11	Posen	.	.	.	.	512	4	16 036	37	892	.	48 594	35	1 404	4	64 630	72	42	94	22 893	09
								8	.			10	60			18	60			31	10
12	Bromberg	5	.	75	.	202	8	8 257	08	908	6	53 812	50	1 116	4	62 144	58	49	07	25 917	30
								16	50			23	80			40	30			12	60
13	Breslau	.	.	.	.	93	8	7 120	05	359	9	29 597	49	453	7	36 717	54	24	91	24 362	05
14	Liegnitz	.	.	.	.	21	7	1 144	10	247	8	12 557	64	269	5	13 701	74	12	74	8 453	30
15	Oppeln	.	.	.	.	330	7	22 901	82	215	4	19 825	86	546	1	42 727	68	13	64	8 463	40
								12	40							12	40				70
16	Magdeburg	.	.	.	.	320	5	13 218	17	149	7	19 778	44	470	2	32 996	61	31	12	24 486	84
17	Merseburg	.	.	.	.	189	8	10 234	98	187	4	23 424	77	377	2	33 659	75	15	05	16 555	17
18	Erfurt	2	8	103	72	8	8	100	57	238	5	19 471	38	250	1	19 675	67	7	86	12 153	57
												.	80			.	80			.	30
19	Schleswig	88	2	2 048	20	97	4	1 866	48	153	3	17 843	86	338	9	21 758	54	5	69	13 251	10
20	Hannover	.	9	52	64	18	3	2 411	17	166	5	15 714	44	185	7	18 178	25	4	90	8 539	61
21	Hildesheim	.	2	16	24	23	4	178	36	434	8	35 269	74	458	4	35 464	34	17	90	25 872	26
22	Lüneburg	78	8	2 487	14	132	3	7 616	71	279	4	33 851	59	490	5	43 955	44	15	02	24 027	33
23	Stade	2	3	44	08	54	3	6 006	83	69	6	9 295	19	126	2	15 346	10	4	07	5 614	46
24	Osnabrück (m. Aurich)	.	.	.	.	44	8	2 614	22	47	5	5 717	94	92	3	8 332	16	1	88	2 894	09
25	Minden (m. Münster)	.	.	.	.	136	8	810	33	172	4	20 251	55	309	2	21 061	88	8	25	13 728	42
26	Arnsberg	.	.	.	.	14	8	104	87	160	7	12 346	84	175	5	12 451	71	9	08	8 535	71
27	Cassel	55	7	886	40	359	4	13 486	78	782	6	60 640	19	1 197	7	75 013	37	39	62	57 031	44
												3	60			3	60			3	90
28	Wiesbaden	9	.	95	.	17	4	175	19	372	9	26 520	24	399	3	26 790	43	17	97	19 466	71
29	Coblenz	.	.	.	.	12	8	293	.	288	6	21 347	51	301	4	21 640	51	16	69	15 879	01
30	Düsseldorf	.	.	.	.	103	2	8 234	87	76	.	10 743	06	179	2	18 977	93	7	72	9 703	71
31	Cöln	.	.	.	.	32	6	2 033	86	136	3	12 537	04	168	9	14 570	90	7	82	9 870	88
32	Trier	.	.	.	.	51	6	1 512	51	436	8	27 142	95	488	4	28 655	46	10	21	20 893	50
																				41	25
33	Aachen	.	.	.	.	.	9	88	12	485	5	31 257	94	486	4	31 346	06	10	12	23 548	17
	Zusammen	527	9	12 818	42	12 103	7	444 413	36	15 191	4	1 303 212	36	27 823	.	1 760 444	14	833	13	776 128	54
								58	90			120	50			179	40			215	45

58.

Kulturgelder

Kapitel IV Anschaffung von Samen und Ankauf von Pflanzen		Kapitel V Bewehrungen und Verhegungen		Kapitel VI Abzugsgräben und sonstige Entwässerungsanlagen		Kapitel VII Anschaffung und Unterhaltung der Kulturgeräte		Kapitel XI Insgemein		Summe Kapitel I—VII und XI		durchschnittl. für 1 ha Holzboden, ausschl. der Kosten für Samendarren		Die gesamten Kosten der Bestandesgründung betragen für 1 ha (Sp. 18, ausschl. Darrkosten, geteilt durch die Fläche in Sp. 11)	Regierungsbezirk
Mark	Pf.	Mark	Pf.	Mark	Pf.	Mark	Pf.	Mark	Pf.	Mark	Pf.	Mark	Pf.	Mark	
13.		14.		15.		16.		17.		18.		19.		20.	
15 396	27	14 720	48	15 829	78	2 871	96	34 349	44	354 004	45	3	51	293	Königsberg.
										1	20				
5 544	85	19 622	28	21 157	87	4 943	13	25 837	50	213 762	24	1	70	188	Gumbinnen.
								15		17	40				
50 996	94	6 468	51	4 169	44	14 490	83	66 284	35	334 673	19	1	55	108	Allenstein.
16	50									72	80				
18 415	56	5 215	98	4 555	78	22 728	63	44 788	48	360 503	40	2	82	192	Danzig.
4	.	3	80			21	20	166	70	298	20				
67 386	03	6 446	97	9 015	16	20 959	86	121 969	87	499 447	21	1	87	95	Marienwerder.
8	.			15	.			42	.	163	80				
17 125	48	57 524	12	8 966	89	7 730	68	75 128	30	406 661	83	1	95	300	Potsdam.
								2	.	8	.				
15 422	48	24 800	56	18 015	74	9 357	53	62 763	79	317 131	56	1	62	216	Frankfurt a. O.
								2	20						
9 980	84	6 119	98	5 129	45	4 351	71	40 055	38	172 168	63	1	53	206	Stettin.
								73	.	73	.				
5 088	19	797	08	3 366	32	3 062	82	17 495	59	109 898	59	1	41	55	Köslin.
4 755	43	5 202	42	3 708	41	733	12	15 249	70	81 138	93	3	17	360	Stralsund.
20 431	80	3 531	12	2 486	84	7 884	50	36 489	50	200 895	08	1	99	138	Posen.
				2	.			67	50	158	50				
18 493	51	3 106	25	1 751	12	5 665	88	39 177	35	190 178	60	1	40	165	Bromberg.
								49	.	103	90				
4 655	07	6 942	84	6 503	25	2 006	22	15 925	49	113 988	95	1	95	251	Breslau.
1 644	66	2 268	48	908	86	778	30	6 878	73	39 424	92	1	77	146	Liegnitz.
7 462	07	2 328	83	9 068	45	2 947	42	10 445	71	97 372	42	1	27	171	Oppeln.
				2	40			.	40	25	.				
13 518	18	30 793	07	1 926	08	6 480	21	38 638	43	178 151	13	2	67	359	Magdeburg.
24 968	75	11 629	96	6 032	77	2 236	51	29 184	93	151 279	55	1	79	340	Merseburg.
2 682	82	3 644	81	1 195	77	2 528	58	5 183	43	52 942	38	1	41	212	Erfurt.
										1	10				
5 749	30	5 093	18	2 617	63	1 577	67	8 742	70	70 262	96	1	88	207	Schleswig.
2 886	76	10 927	96	2 044	55	795	32	6 885	79	56 313	10	2	06	303	Hannover.
				6	.					6	.				
3 161	21	3 484	87	3 917	19	2 654	90	13 856	96	104 806	56	1	05	229	Hildesheim.
4 094	11	7 540	87	9 183	04	1 105	93	12 795	19	118 843	70	1	58	242	Lüneburg.
2 089	46	977	25	3 532	25	251	40	4 556	58	37 093	30	2	13	294	Stade.
3 303	48	237	43	1 370	96	77	48	1 815	17	20 748	56	1	33	198	Osnabrück (mit Aurich).
3 444	73	3 724	04	2 597	22	410	37	13 382	37	64 218	28	1	85	208	Minden (mit Münster).
2 293	06	711	71	234	53	654	15	6 317	28	33 427	54	1	39	190	Arnsberg.
7 765	03	6 016	35	8 926	51	3 449	73	57 010	01	252 329	33	1	24	208	Cassel.
										8	10				
1 979	97	1 982	48	1 245	63	677	89	14 401	97	72 965	96	1	41	183	Wiesbaden.
				3	.					3	.				
2 240	05	1 099	28	471	59	416	68	5 408	77	49 972	75	1	67	166	Coblenz.
1 190	94	7 416	45	4 266	74	127	10	9 281	85	57 538	05	3	46	321	Düsseldorf.
467	50	3 256	42	2 181	13	159	85	2 842	13	37 931	59	2	76	225	Cöln.
								28	75	28	75				
4 107	16	2 027	05	4 537	33	1 880	24	21 178	16	91 594	87	1	43	188	Trier.
										41	25				
1 506	05	3 548	17	6 300	72	3 119	89	19 328	99	98 362	39	2	90	202	Aachen.
								5	.	5	.				
350 247	74	269 207	25	177 215	60	139 116	49	883 649	89	5 040 363	.	1	81	175	
28	50	3	80	49				449	35	1 017	20				

(einschl. der Kosten für Samendarren: 1 | 87)

F

42

Zu Tafel

Laufende Nummer	Regierungs-bezirk	Verausgabte Kulturgelder					Gesamt-summe der Kulturgelder (Tit. 25a)	Gesamt-fläche	Verausgabte	
		Kap. IX Fischerei-zwecke	Kapitel X Ver-besserung von Forstgrund-stücken	Zusammen Kapitel IX und X	Kapitel VIII				Unter-haltung alter	Herstellung neuer
					Unterhaltung alter	Herstellung neuer			Wege	
					Holzabfuhrwege und Waldbahnen					
		Mark Pf.	Mark Pf.	Mark Pf.	Mark Pf.	Mark Pf.	Mark Pf.	ha	Mark Pf.	Mark Pf.
		21.	22.	23.	24.	25.	26.	27.	28.	29.
1	Königsberg	. .	128 395 30	128 395 30	100 750 34	29 443 07	612 593 16	136 596	93 319 21	7 183 51
					2 40		3 60		141 .	
2	Gumbinnen	11 289 35	200 538 04	211 827 39	135 979 96	125 458 71	687 028 30	162 225	79 358 76	46 606 98
					437 40		454 80			
3	Allenstein	. .	88 146 06	88 146 06	46 734 56	8 580 65	478 134 46	231 519	41 343 03	3 449 81
					201 20	69 .	343 .		110 .	
4	Danzig	530 84	33 564 95	34 095 79	45 380 71	42 332 93	482 312 83	140 846	45 335 24	10 333 32
			4 40	4 40	690 50	88 .	1 081 10		233 10	
5	Marienwerder	620 31	128 840 59	129 460 90	60 853 06	33 318 61	723 079 78	281 103	66 116 29	568 091 15
					409 90	68 30	642 .		163 90	
6	Potsdam	. .	48 128 64	48 128 64	81 419 94	234 313 89	770 524 30	225 976	236 769 25	196 777 87
			70 .	70 .	21 30		99 30			
7	Frankfurt a. O.	504 76	26 888 50	27 393 26	47 977 89	12 436 32	404 939 07	207 450	98 177 43	56 477 58
					1 .		3 20			
8	Stettin	54 40	23 484 97	23 539 37	48 864 17	12 881 85	257 454 02	119 069	44 064 98	68 134 35
					247 20		320 20		4 50	
9	Köslin	54 05	16 135 53	16 189 58	19 509 57	17 412 45	163 010 19	85 364	23 289 53	1 406 32
					145 .		145 .			
10	Stralsund	. .	5 956 36	5 956 36	15 778 83	2 916 47	105 790 59	28 811	18 103 46	17 650 84
					1 40		1 40			
11	Posen	1 083 08	41 321 47	42 404 55	18 583 83	11 982 94	273 866 40	107 613	39 097 97	7 752 91
					190 20		348 70		53 10	
12	Bromberg	. .	20 916 59	20 916 59	25 718 98	9 863 35	246 677 52	144 368	41 788 02	1 963 19
					174 20		278 10		129 50	
13	Breslau	. .	11 983 33	11 983 33	44 392 31	29 055 90	199 420 49	63 658	43 844 61	11 907 78
					21 50		21 50			
14	Liegnitz	13 80	4 389 46	4 403 26	13 747 50	9 836 60	67 412 28	23 646	13 415 08	. .
15	Oppeln	118 88	18 416 64	18 535 52	28 944 62	922 24	146 105 80	77 716	33 752 24	964 07
			9 60	9 60	223 90		258 50		22 40	
16	Magdeburg	. .	8 637 81	8 637 81	41 958 64	6 489 40	235 236 98	69 369	30 905 37	12 552 95
					5 20		5 20			
17	Merseburg	. .	15 780 67	15 780 67	48 733 25	8 702 23	224 495 70[1]	78 742	59 864 60	41 360 24
18	Erfurt	395 87	. .	395 87	53 808 17	52 900 64	160 047 06	38 987	34 247 62	6 026 84
					90		2 .			
19	Schleswig	. .	97 14	97 14	33 223 75	6 253 85	109 837 70	44 296	17 007 29	273 43
20	Hannover	36 50	49 90	86 40	31 631 46	27 254 29	115 285 25	29 990	10 615 04	. .
							6 .			
21	Hildesheim	131 36	3 338 90	3 470 26	184 226 99	147 269 02	439 772 83	104 196	99 567 88	17 885 15
22	Lüneburg	12 36	13 346 74	13 359 10	35 739 81	21 344 22	189 286 83	82 704	13 466 36	20 249 74
23	Stade	. .	408 12	408 12	9 187 51	2 255 32	48 944 25	21 030	1 940 61	. .
24	Osnabrück (mit Aurich)	22 70	. .	22 70	6 328 30	8 295 36	35 394 92	16 239	1 679 14	. .
25	Minden (mit Münster)	. .	373 34	373 34	33 811 11	35 370 44	133 773 17	36 214	31 993 25	1 520 82
26	Arnsberg	138 70	1 047 64	1 186 34	23 900 93	18 391 48	76 906 29	24 916	21 547 49	6 803 54
27	Cassel	84 05	14 336 04	14 420 09	218 223 16	198 232 56	683 205 14	208 098	111 682 30	4 264 85
					5 .		13 60			
28	Wiesbaden	298 36	9 872 87	10 171 23	55 712 59	36 119 73	174 969 51	53 505	3 674 08	. .
					58 50		61 50			
29	Coblenz	. .	5 728 48	5 728 48	32 149 89	15 773 85	103 624 97	30 738	29 753 61	2 307 94
					3 .		3 .			
30	Düsseldorf	. .	981 22	981 22	9 474 03	1 804 .	69 797 30	18 760	16 788 87	680 .
31	Cöln	. .	2 369 53	2 369 53	7 445 90	359 19	48 106 21	14 741	14 021 39	. .
					62 50		91 25			
32	Trier	21 75	4 372 38	4 394 13	72 957 01	91 737 85	260 683 86	66 379	79 440 53	4 398 19
					312 20		353 45			
33	Aachen	48 80	583 95	632 75	47 438 71	61 000 81	207 434 66	35 129	38 184 97	41 25
							5 .			
	Zusammen	15 459 92	878 431 16	893 891 08	1 680 587 48	1 320 310 22	8 935 151 78[1]	3 009 993	1 534 155 50	1 117 064 62
			84 .	84 .	3 214 90	225 30	4 541 40		869 60	

[1] Ausschl. 36,94 Mark, die unter Titel 25b fallen.

58.

Verkehrswegebaugelder			Holzabfuhr- und Verkehrswege zusammen (Spalte 24 + 25 + 32)		durchschnittlich für 1 ha der Gesamtfläche		Beihilfen zu Chausseen usw. außerhalb der Forsten		Gesamtaufwendungen				Regierungsbezirk
Brücken		Gezahlte Beihilfen und „Insgemein"	Zusammen (Spalten 28—31)						für den Wegebau (Spalte 33 + 35)		für 1 ha Holzboden		
Mark	Pf.	Mark	Pf.	Mark	Pf.	Mark	Pf.	Mark	Pf.	Mark	Pf.	Mark	Pf.	
30.		31.		32.		33.		34.		35.		36.		37.
4 841	87	29 943	31	135 287	90	265 481	31	1	94	25 928	.	291 409	31	2	89	Königsberg.
								143	40			143	40			
3 301	72	35 075	93	164 343	39	425 782	06	2	62	61 374	62	487 156	68	3	87	Gumbinnen.
						437	40					437	40			
3 073	21	10 000	.	57 866	05	113 181	26	.	49	45 500	.	158 681	26	.	84	Allenstein.
						380	20					380	20			
1 861	87	1 802	44	59 332	87	147 046	51	1	04	4 800	.	151 846	51	1	22	Danzig.
						1 011	80					1 011	80			
4 520	79	26 233	24	664 961	47	759 133	14	2	70	36 500	.	795 633	14	3	20	Marienwerder.
						642	10					642	10			
35 256	76	108 920	41	577 724	29	893 458	12	3	95	7 780	14	901 238	26	4	41	Potsdam.
						33	20					33	20			
12 555	65	30 100	65	197 311	31	257 725	52	1	24	4 030	.	261 755	52	1	37	Frankfurt a. O.
						1	.					1	.			
685	66	25 011	32	137 896	31	199 642	33	1	68	54 262	70	253 905	03	2	37	Stettin.
						251	70					251	70			
756	21	68	18	25 520	24	62 442	26	.	73	2 000	.	64 442	26	.	83	Köslin.
						145	.					145	.			
366	10	3 000	.	39 120	40	57 815	70	2	01	2 542	67	60 358	37	2	35	Stralsund.
						1	40					1	40			
2 196	10	50 075	97	99 122	95	129 689	72	1	21	.	.	129 689	72	1	33	Posen.
						243	30					243	30			
1 227	81	44 763	14	89 742	16	125 324	49	.	87	.	.	125 324	49	.	96	Bromberg.
						303	70					303	70			
5 652	33	976	61	62 381	33	135 829	54	2	13	56 956	71	192 786	25	3	30	Breslau.
						21	50					21	50			
51	90	24	05	13 491	03	37 075	13	1	57	817	84	37 892	97	1	70	Liegnitz.
42 950	31	74 754	38	152 421	.	182 287	86	2	35	26 775	24	209 063	10	2	86	Oppeln.
				13	30	259	60					259	60			
473	31	27 616	48	71 548	11	119 996	15	1	73	.	.	119 996	15	1	90	Magdeburg.
						5	20					5	20			
3 581	86	1 797	71	106 604	41	164 039	89	2	08	307	17	164 347	06	2	29	Merseburg.
.	.	187	59	40 462	05	147 170	86	3	77	.	.	147 170	86	3	91	Erfurt.
						.	90					.	90			
21	90	5 535	.	22 837	62	62 315	22	1	41	.	.	62 315	22	1	67	Schleswig.
179	57	10 017	70	20 812	31	79 698	06	2	66	.	.	79 698	06	2	91	Hannover.
190	08	.	.	117 643	11	449 139	12	4	31	7 252	89	456 392	01	4	57	Hildesheim.
2 128	37	.	.	35 844	47	92 928	50	1	12	2 350	.	95 278	50	1	26	Lüneburg.
73	75	3 200	.	5 214	36	16 657	19	.	79	3 196	81	19 854	.	1	14	Stade.
30	95	.	.	1 710	09	16 333	75	1	01	1 800	.	18 133	75	1	32	Osnabrück (mit Aurich).
173	70	2 500	.	36 187	77	105 369	32	2	91	2 000	.	107 369	32	3	10	Minden (mit Münster).
349	68	5 700	.	34 400	71	76 693	12	3	08	5 500	.	82 193	12	3	42	Arnsberg.
.	.	1 000	.	116 947	15	533 402	87	2	56	13 565	90	546 968	77	2	72	Cassel.
						5	50					5	50			
.	.	3 829	19	7 503	27	99 335	59	1	86	6 740	05	106 075	64	2	05	Wiesbaden.
						58	50					58	50			
263	45	27	.	32 352	.	80 275	74	2	61	4 900	.	85 175	74	2	85	Coblenz.
						3	.					3	.			
.	.	.	.	17 468	87	28 746	90	1	54	.	.	28 746	90	1	74	Düsseldorf.
.	.	.	.	14 021	39	21 826	48	1	48	.	.	21 826	48	1	59	Cöln.
						62	50					62	50			
.	.	9 310	71	93 149	43	257 844	29	3	88	4 170	.	262 014	29	4	08	Trier.
						312	20					312	20			
5 626	68	.	.	43 852	90	152 292	42	4	34	2 563	.	154 855	42	4	57	Aachen.
132 391	59	511 471	01	3 295 082	72	6 295 980	42	2	09	383 613	74	6 679 594	16	2	48	
				13	30	882	90			4 323	10	4 323	10			

44

Tafel
Nachweisung über die Arbeiter der Staatsforstverwaltung für

Laufende Nummer	Regierungsbezirk	Beschäftigte Arbeiter			Durchschnittliche **Arbeitslöhne** für ein Tagewerk									Besondere (außer der Bevorholz- und Beeren-		
				durchschnittliche Beschäftigungsdauer (Sp. 4:3)	Tagelohn							Stücklohn		**Wohnungsfürsorge**		
		im ganzen (Männer, Frauen, Jugendliche)	Gesamtzahl der Arbeitstage		Sommer				Winter			Sommer	Winter			
					Männer	Frauen	jugendliche Arbeiter	durchschnittliche tägliche Arbeitsdauer	Männer	Frauen	durchschnittliche tägliche Arbeitsdauer	Männer		Zahl der an Arbeiter vermieteten Wohnungen	Durchschnittlicher jährlicher Mietspreis für eine Wohnung	Die Waldweide wird von Arbeitern im ganzen mit wieviel Stück Rindvieh ausgeübt?
				Tage	M.	Pf.	M.	Pf.	M.	Pf.	Stb.	M.	Pf.	M.	Pf.	Stb.	M.	Pf.	M.	Pf.		M.	
1.	2.	3.	4.	5.	6.	7.	8.	9.	10.	11.	12.	13.	14.	15.	16.	17.
1	Königsberg	8 593	471 130	55	2 39	1 33	1 10	10	1 95	1 14	8	3 17	2 28	86	30	139
2	Gumbinnen	8 379	577 524	69	2 23	1 27	1 01	10	1 82	1 02	8	3 06	2 24	171	28	240
3	Allenstein	10 263	641 034	62	1 98	1 07	. 89	10	1 64	. 90	8	2 54	2 29	109	29	2 436
4	Danzig	7 114	456 585	64	2 02	1 18	1 07	10	1 67	. 98	8	2 59	2 .	143	33	618
5	Marienwerder	15 725	809 719	52	1 95	1 20	1 .	10	1 65	1 .	8	2 54	2 15	461	27	2 137
6	Potsdam	10 895	630 102	58	2 77	1 39	1 02	10	2 44	1 23	8	3 46	2 97	94	35	77
7	Frankfurt a. O.	10 473	596 629	57	2 35	1 31	1 09	10	1 92	1 09	8	3 09	2 78	107	43	313
8	Stettin	5 078	294 961	58	2 64	1 35	1 19	10	2 19	1 11	8	3 25	2 92	53	38	56
9	Köslin	3 792	197 141	52	2 02	1 23	1 10	10	1 72	1 09	8	2 68	2 39	118	19	268
10	Stralsund	1 161	107 851	93	2 57	1 46	1 16	10	2 07	1 22	8	3 44	3 28	63	32	.
11	Posen	7 335	402 574	55	2 05	1 10	. 88	10	1 63	. 93	8	2 64	2 15	197	28	1 008
12	Bromberg	7 170	378 706	53	2 03	1 24	1 02	10	1 76	1 05	8	2 83	2 24	76	28	1 798
13	Breslau	6 466	417 280	65	2 02	1 04	. 84	10	1 75	. 88	8	2 59	2 05	14	34	.
14	Liegnitz	1 554	102 293	66	2 16	1 10	. 86	10	1 96	1 .	8	3 03	2 71	6	31	.
15	Oppeln	6 269	388 291	62	1 93	1 02	. 86	10	1 68	. 89	8	2 63	2 15	16	19	266
16	Magdeburg	3 239	222 842	69	2 69	1 33	1 04	10	2 33	1 19	8	3 11	2 86	5	13	1
17	Merseburg	4 904	269 642	55	2 51	1 22	1 05	10	2 21	1 08	8	3 13	2 72	8	50	.
18	Erfurt	2 950	200 799	68	2 93	1 37	1 15	10	2 80	1 22	9	3 67	3 60	4	50	89
19	Schleswig	1 968	136 480	69	3 01	1 83	1 53	10	2 75	1 59	8	3 47	3 17	50	36	19
20	Hannover	1 678	103 097	61	2 76	1 73	1 25	10	2 51	1 46	9	3 42	3 16	14	34	12
21	Hildesheim	4 575	543 375	119	2 68	1 39	1 22	10	2 47	1 26	9	3 55	3 36	50	56	223
22	Lüneburg	3 331	219 126	66	2 75	1 62	1 30	10	2 45	1 41	8	3 53	3 25	116	43	8
23	Stade	851	54 890	65	2 98	2 06	1 67	10	2 48	1 60	8	3 46	2 77	15	58	11
24	Osnabrück (m. Aurich)	900	44 491	49	2 53	1 68	1 32	10	2 21	1 47	8	2 91	2 79	5	56	62
25	Minden (m. Münster)	2 697	166 872	62	2 56	1 57	1 35	10	2 40	1 47	8	3 38	3 16	2	50	217
26	Arnsberg	876	75 984	87	3 34	1 81	1 68	9	3 12	1 65	8	4 03	3 82	9	61	115
27	Cassel	16 065	779 684	49	2 55	1 46	1 22	10	2 31	1 30	9	3 33	2 79	11	35	5
28	Wiesbaden	6 547	229 334	35	2 89	1 65	1 56	10	2 62	1 52	8	3 62	2 93	1	250	.
29	Coblenz	2 961	145 519	49	2 63	1 55	1 38	10	2 33	1 37	8	3 27	2 93	.	.	36
30	Düsseldorf	1 043	60 720	58	3 04	1 94	1 66	10	2 87	1 70	8	3 62	3 47	1	45	6
31	Cöln	867	47 376	55	3 15	1 61	1 39	10	2 90	1 55	8	3 60	3 43	2	56	.
32	Trier	4 413	289 242	66	3 04	1 49	1 40	10	2 72	1 26	8	3 81	3 25	5	82	16
33	Aachen	2 081	153 704	74	2 91	1 65	1 38	10	2 47	1 50	8	3 69	3 13	6	28	12
	Summe	172 213	10 214 997	59	1 93 / 3 34	1 02 / 2 06	. 84 / 1 68	10	1 63 / 3 12	. 88 / 1 70	8	2 54 / 4 03	2 . / 3 82	2 018	45	10 188

59.

das Etatsjahr 1911 (Forstwirtschaftsjahr 1. 10. 1910/11).

Vergünstigungen für die Arbeiter (zugung bei der Ausgabe von Gras-, Lesezetteln und der Abgabe von Holz, Streu usw.)					Von den Arbeitern sind gegen Krankheit versichert				Erkrankt sind von den Arbeitern in der Spalte	Unfälle im Staatsforstbetriebe während des abgelaufenen Etatsjahres		Gesamtausgaben für Unfälle (einschl. der den fiskalischen Gutsbezirken zur Last fallenden Kosten des Heilverfahrens während der ersten 13 Wochen)		Freiwillige Unterstützungen für Waldarbeiter und deren Hinterbliebene		Außerdem sind aus dem Gnadenpensionsfonds gezahlt	
Ländereien sind an Arbeiter verpachtet					bei forstfiskalischen Betriebskrankenkassen		bei Orts- und Landkrankenkassen (einschl. der freiwillig Versicherten)										
an wieviel Arbeiter?	Größe der Pachtflächen im ganzen (Garten, Acker, Wiese)	Gesamtes Pachtgeld für die Fläche in Spalte 19	an einen Arbeiter sind durchschnittlich verpachtet (Sp. 19 : 18)	durchschnittlicher Pachtpreis für 1 ha (Sp. 20 : 19)	Zahl	ungefähre Gesamtzahl der Arbeitstage	Zahl	ungefähre Gesamtzahl der Arbeitstage	23 25	im ganzen	darunter Todesfälle	M.	Pf.	M.	Pf.	M.	Pf.
	ha	M.	ha a	M. Pf.													
18.	19.	20.	21.	22.	23.	24.	25.	26.	27.	28.	29.	30.	31.	32.	33.		
472	323	5 815	. 68	18 .	.	.	630	57 315	.	11	.	92	2	28 087	13	3 700	.	.	.
1 644	2 069	24 756	1 26	11 97	929	113 400	453	58 400	135	22	.	95	1	20 323	72	3 334	30	324	.
1 752	3 069	28 021	1 75	9 13	2 736	210 695	11	1 891	394	.	.	75	1	20 646	98	5 000	.	435	.
940	1 644	10 017	1 75	6 09	.	.	64	9 300	.	12	.	68	1	15 802	69	2 100	.	72	.
1 886	3 479	20 417	1 84	5 87	.	.	4 773	284 124	.	341	.	60	1	26 476	38	5 190	.	538	60
336	251	3 476	. 75	13 85	1 653	120 295	5 498	364 313	176	282	.	120	2	38 958	88	3 303	.	759	.
652	1 188	9 089	1 82	7 65	2 104	119 146	2 521	217 584	163	175	.	73	1	19 716	53	3 661	.	174	.
152	189	2 327	1 24	12 31	.	.	3 352	227 270	.	221	.	73	1	18 702	33	1 900	.	312	.
456	601	4 214	1 32	7 01	.	.	429	44 232	.	30	.	24	.	7 184	06	1 492	.	504	.
118	212	3 364	1 79	15 91	.	.	903	94 239	.	66	.	23	.	7 830	97	510	.	.	.
859	915	8 532	1 07	9 32	3 535	228 466	65	4 957	338	4	.	49	.	9 977	73	2 100	.	.	.
703	609	6 514	. 87	10 70	.	.	160	13 228	.	16	.	43	.	9 867	17	1 895	.	.	.
293	184	1 545	. 63	8 40	.	.	1 420	130 941	.	108	.	95	1	19 256	29	2 100	.	108	.
33	22	397	. 67	18 05	.	.	726	84 790	.	86	.	26	.	3 469	25	310	.	120	.
677	462	7 065	. 68	15 29	.	.	2 836	219 101	.	341	.	46	.	13 089	34	1 414	.	.	.
331	168	4 377	. 51	26 05	.	.	2 450	212 802	.	187	.	19	1	11 927	74	1 135	.	420	.
88	38	793	. 43	20 87	1 459	133 794	1 724	113 172	180	90	.	46	.	11 528	06	1 270	.	132	.
186	78	1 232	. 42	15 79	585	107 316	903	70 026	173	79	.	10	.	9 190	98	1 100	.	.	.
76	153	2 721	2 .	17 78	29	2 719	1 242	102 880	3	34	.	30	.	8 575	76	800	.	184	.
120	90	2 703	. 75	30 03	.	.	840	71 073	.	85	.	28	.	7 875	48	490	.	.	.
1 122	509	9 081	. 45	17 84	.	.	3 735	587 238	.	690	.	145	1	23 958	69[1]	2 459	60	462	.
510	522	8 527	1 02	16 34	.	.	1 435	135 373	.	106	.	43	1	9 291	85	1 200	.	.	.
73	171	1 830	2 34	10 70	.	.	148	12 820	.	1	.	11	.	2 708	26	400	.	.	.
44	66	686	1 50	10 39	.	.	264	17 103	.	17	.	11	.	2 891	06	400	.	.	.
156	120	2 273	. 77	18 94	.	.	1 534	132 091	.	126	.	32	2	8 743	03	900	.	.	.
89	157	2 814	1 76	17 92	.	.	624	67 596	.	48	.	27	.	5 847	29	680	.	.	.
638	361	5 683	. 57	15 74	405	21 693	11 251	591 452	40	785	.	195	.	38 963	51	3 525	.	383	.
22	9	257	. 41	28 56	.	.	2 861	139 518	.	141	.	72	.	12 051	99	805	.	.	.
28	28	383	1 .	13 68	.	.	1 326	76 451	.	100	.	36	.	7 158	98	600	.	.	.
29	36	1 014	1 24	28 17	.	.	567	44 845	.	24	.	16	.	2 722	88	495	.	.	.
2	7	232	3 50	33 14	.	.	399	32 237	.	28	.	11	.	1 298	40	300	.	.	.
55	59	462	1 07	7 83	4 285	286 104	8	376	714	.	.	64	.	13 960	81	1 560	.	.	.
43	97	1 088	2 26	11 22	.	.	364	44 545	.	28	.	29	.	6 051	05	700	.	.	.
14 585	17 886	181 705	1 23	10 16	17 720	1 343 628	55 516	4 263 283	2 316	4 284	1	787	16	444 135	22[1]	56 828	90	4 927	60

[1] Außerdem sind für die Arbeiterunterstützungskasse in Clausthal 39 043,15 M. aufgewendet worden.

Tafel

Nachweisung der aus dem Forstbaufonds zu unterhaltenden

Laufende Nummer	Regierungsbezirk	Etatsmäßige Dienststellen für		Dienstgehöfte oder Dienstwohnungen für						Es sind ohne Dienstwohnungen		Dienstwohnungen für Forstkassenrendanten	Familienwohnungen für Waldarbeiter
		Oberförster	Revierförster und Förster	Oberförster	Revierförster und Förster	Waldwärter	Förster o. R. und Forsthilfsaufseher	Meister bei den Nebenbetriebsanstalten	Wärter bei den Nebenbetriebsanstalten	Oberförster	Förster usw.		
1.	2.	3.	4.	5.	6.	7.	8.	9.	10.	11.	12.	13.	14.
1	Königsberg	24	144¹)	24	142²)	2	11	2	.	.	.	.	86
2	Gumbinnen	28	157	28	157	4	37	1	.	.	.	.	189
3	Allenstein	35	205	34	202	2	38	.	.	1	3	.	112
4	Danzig	24	147	23	146	.	32	.	.	1	1	1	154
5	Marienwerder	51	292	48	290	2	70	1	.	3	2	1	480
6	Potsdam	45	239	44	238	1	60	1	.	1	1	.	103
7	Frankfurt a. O.	40	232	39	223	.	29	.	.	1	9	1	110
8	Stettin	26	135	26	135	1	22	1	1	.	.	.	57
9	Köslin	16	96	16	95	.	14	.	.	.	1	1	127
10	Stralsund	6	50	6	48	.	9	.	2	.	2	.	66
11	Posen	19	116	18	116	.	38	.	.	1	.	.	200
12	Bromberg	25	137	22	137	.	22	2	.	3	.	.	92
13	Breslau	16	108	13	108	.	12	.	.	3	.	.	17
14	Liegnitz	5	42	5	39	.	2	.	.	.	3	.	6
15	Oppeln	18	110	15	110	1	37	2	.	3	.	1	26
16	Magdeburg	17	99	16	98	.	16	.	.	1	1	.	6
17	Merseburg	20	120	20	118	1	12	2	.	.	2	1	14
18	Erfurt	14	80	13	79	.	3	.	.	1	1	.	5
19	Schleswig	14	60	11	58	10	13	.	.	3	2	.	50
20	Hannover	16	63	15³)	63³)	.	6	.	.	1 ¹)	.	.	14
	(außerdem klösterlich:	12	36										
21	Hildesheim	42	183	42	175	.	13	.	.	.	8	.	50
22	Lüneburg	22	106	21	105	2	11	.	.	1	1	.	119
23	Stade	7	29	7	29	1	1	.	.	.	.	.	15
24	Osnabrück (mit Aurich)	5	25	5	25	2	.	.	.	.	.	.	5
25	Minden (mit Münster)	12	72	10	69	2	3	.	.	2	3	.	2
26	Arnsberg	10	42	9	41⁴)	.	2	.	.	1	.	.	10
27	Cassel	87	402	83	388	3	14	1	.	4	14	1	9
28	Wiesbaden	56	106	55	98⁵)	4	2	.	.	1	7	.	1
29	Coblenz	12	79	11	73	.	3	.	.	1	6	.	.
30	Düsseldorf	5	41	4	37	.	3	.	.	1	4	.	1
31	Cöln	4	26	3	25	.	2	.	.	1	1	.	1
32	Trier	18	117	18	109	.	6	.	.	.	8	.	5
33	Aachen	10	57	10	56	.	1	.	.	.	1	.	6
34	Sigmaringen	4	.	1	.	.	.	.	.	3	.	.	.
		753	3917							38	.		
	Außerdem klösterlich	12	36							1	.		
	Zusammen	765	3953	715	3832	38	544	13	3	39	81	7	2138
	Offene Stellen	2	4	(11	40	aus Spalte 29)							
	Etatsumme	767	3957										

60.

Gebäude nach dem Stande vom 1. Oktober 1912.

Waldarbeiterherbergen	Mühlen vom Staate verwaltete	Mühlen verpachtete	Samendarren	Gasthäuser	Armenhäuser	Sonstige vermietete oder mit Pachtgrundstücken verbundene Wohnungen	zugehörige Wirtschaftsgebäude	Feuerwachtürme	Ruinen	Aussichtstürme	Außerhalb der Forstgehöfte gelegene Gebäude zur Unterbringung von Kulturgeräten, Wildheu usw.	Sonstige Gebäude	Gebäude, zu deren Ausführung Darlehne oder Bauprämien aus Fonds der landwirtschaftlichen oder Forstverwaltung gewährt worden sind	Bemerkungen
15.	16.	17.	18.	19.	20.	21.	22.	23.	24.	25.	26.	27.	28.	29.
8	.	.	2	.	1	7	4	.	.	.	1	5	.	1) Einschl. der für eine Privatforst angestellten Förster
.	.	.	.	2	.	1	.	5	.	.	29	2	196	2) Ausschl. der Wohnungen für diese beiden Förster
2	.	7	3	4	.	39	39	12	.	.	17	8	.	
4	.	6	2	2	2	39	39	9	1	.	2	7	14	
.	.	8	5	3	4	31	62	22	.	.	40	12	34	
1	1	.	8	4	.	13	12	3	.	.	3	8	.	
.	1	.	3	1	3	12	14	2	1	.	16	.	.	
1	.	2	5	.	2	19	19	1	.	.	4	2	.	
.	.	5	1	1	.	46	44	.	.	.	5	1	.	
1	.	.	.	2	.	2	4	.	.	.	.	4	.	
2	.	.	1	1	4	11	20	11	.	.	11	4	1	
.	.	3	2	1	1	8	7	24	.	.	5	2	38	
6	.	.	3	3	.	.	.	.	3	1	6	1	.	
1	.	.	.	1	.	.	.	7	.	1	1	2	.	
.	.	.	.	2	.	.	1	.	.	.	.	2	.	
.	.	.	2	3	.	4	1	4	4	1	6	1	.	
.	.	.	2	1	.	.	1	7	2	.	9	8	.	
.	.	.	3	.	.	1	4	.	3	.	4	1	.	
.	.	.	.	.	.	6	13	2	.	.	1	.	.	
6	.	.	.	.	.	3	.	.	1	.	.	1	.	3) Außerdem 11 Oberförster-, 36 Förster-, 5 Waldwärter-, 2 Forstaufseher-gehöfte aus Fonds der Klosterkammer.
50	.	5	1	3	.	1	1	.	9	.	69	4	.	
6	.	.	.	.	.	3	.	6	.	.	8	19	.	
2	.	.	.	.	.	3	2	.	.	.	1	.	11	
.	.	.	1	.	.	1	2	.	.	.	.	.	1	
1	.	.	.	3	.	.	.	.	1	1	4	1	.	
2	.	.	.	.	.	8	10	.	.	.	.	4	.	4) Außerdem 1 Förstergehöft aus Fonds der Marken-Interessenten.
.	.	1	1	3	.	3	.	.	13	.	36	11	.	
1	.	.	.	.	.	.	.	.	1	.	11	1	.	5) Außerdem 1 Förstergehöft aus Zentralstudienfonds.
.	.	.	.	.	.	.	.	.	.	.	.	1	1	
1	.	.	.	.	.	.	.	.	.	.	2	.	5	
1	.	.	.	.	.	8	6	.	1	.	2	.	.	
36	.	.	.	1	.	.	.	1	3	.	89	.	.	
7	.	.	.	.	.	1	5	.	2	.	.	.	.	
139	2	37	44	42	17	271	302	123	43	6	382	112	301	

If you have any concerns about our products,
you can contact us on
ProductSafety@springernature.com

In case Publisher is established outside the EU,
the EU authorized representative is:
**Springer Nature Customer Service Center GmbH
Europaplatz 3, 69115 Heidelberg, Germany**

Printed by Libri Plureos GmbH
in Hamburg, Germany